CodeZine BOOKS

SHOEISHA DIGITAL FIRST

世界ハッカースペースガイド

高須正和 著

The Hackerspace Guide

SE SHOEISHA

本書内容に関するお問い合わせについて

このたびは翔泳社の書籍をお買い上げいただき、誠にありがとうございます。弊社では、読者の皆様からのお問い合わせに適切に対応させていただくため、以下のガイドラインへのご協力をお願い致しております。下記項目をお読みいただき、手順に従ってお問い合わせください。

●ご質問される前に

弊社Webサイトの「正誤表」をご参照ください。これまでに判明した正誤や追加情報を掲載しています。

正誤表　http://www.shoeisha.co.jp/book/errata/

●ご質問方法

弊社Webサイトの「刊行物Q&A」をご利用ください。

刊行物Q&A　http://www.shoeisha.co.jp/book/qa/

インターネットをご利用でない場合は、FAXまたは郵便にて、下記"翔泳社 愛読者サービスセンター"までお問い合わせください。
電話でのご質問は、お受けしておりません。

●回答について

回答は、ご質問いただいた手段によってご返事申し上げます。ご質問の内容によっては、回答に数日ないしはそれ以上の期間を要する場合があります。

●ご質問に際してのご注意

本書の対象を越えるもの、記述個所を特定されないもの、また読者固有の環境に起因するご質問等にはお答えできませんので、予めご了承ください。

●郵便物送付先およびFAX番号

送付先住所〒160-0006　東京都新宿区舟町5
FAX番号　03-5362-3818
宛先　（株）翔泳社 愛読者サービスセンター

※本書に記載されたURL等は予告なく変更される場合があります。
※本書の出版にあたっては正確な記述につとめましたが、著者や出版社などのいずれも、本書の内容に対してなんらかの保証をするものではなく、内容やサンプルに基づくいかなる運用結果に関してもいっさいの責任を負いません。
※本書に掲載されているサンプルプログラムやスクリプト、および実行結果を記した画面イメージなどは、特定の設定に基づいた環境にて再現される一例です。

目次

まえがき　ハッカーは集まる。ハッカーは旅をする。より豊かになるために。 5
ハッカーは集まる 6
ハッカーは旅をする 7
体験が「見える風景」を変える 8

第1章　ハッカースペースってどんなところ？ 11
ハッカースペースはハッカーたちの集会場や作業場 12
ミッチ・アルトマンの開いたノイズブリッジに見る、ハッカースペースのスタンダード 16
ハッカースペースへのアポイントメント、訪問方法 22
会話はだいたい英語 23
ハッカースペースパスポートを入手しよう 25
ミッチ・アルトマンから皆さんへのメッセージ 31

第2章　アメリカのハッカースペース 33
アメリカのハッカースペース事情 34
スタートアップブームに沸く多様性の街ニューヨーク 35

第3章　ヨーロッパのハッカースペース 43
ヨーロッパのハッカースペース事情 44
ネットの中立性を守れ！パリのレジスタンスハッカーたち 45
誰でもバイオハッカーになれる　パリのLa Paillasse 53
中古の船舶を改造したアートの海賊船 ILLUTRON 62

第4章　アジアのハッカースペース 67
アジアのハッカースペース事情 68
政府も市民もハッカーも　ハッカースペースシンガポール 68
新たに燃え上がるタイのメイカームーブメントバンコクとチェンマイ 80
台北の製造業がアツい　ファブラボ台北、ファブラボ台南 95

第5章　中国のハッカースペース 105
ハッカースペースは発明をサポートする 106
メイカーの魂を燃やし続ける柴火創客空間 107
起業を強力に後押しする深圳のメイカースペース　SEG+ 112
とある中国のハッカーSexyCyborg様インタビュー 116

あとがき　「会う」ことには特別な意味がある 135

解説　ハッカースペースの可能性　山形浩生 139

まえがき

ハッカーは集まる。
ハッカーは旅をする。
より豊かになるために。

ハッカーは集まる

僕はメイカーフェアの運営やプレゼンなどで、世界のいろいろなテクノロジーイベントに行くことが多く、滞在した街ではよくハッカースペースを訪ねます。

「ハッカースペース」とは、テクノロジーが好きで、テクノロジーを使って何かやろうとしている人たちに向けたスペースです。ハッカースペースに必須条件はありませんが、それぞれのテクノロジーや流行り物を共有できるような、集会所としての性質があり、機材の共有やシェアオフィスとしての機能も備えていることが多いです。しかしハッカースペースの目的はあくまで「ハッカーたちが集まり、気持ちよく過ごせる場所」であることで、設備はその目的のための手段にすぎません。

ハッカーたちがいつもいて、気持ちよく過ごせる場所がハッカースペースです。どんなに便利な機材や高速インターネット回線、無料の食事があっても、そこにハッカーたちがいなければ、それはハッカースペースと呼びません。何もない空間でもそこにいつもハッカーが集まっていればハッカースペースです。

作りたいものを作ること、そのための知識や興味を共有することはハッカーの喜びです。一人で活動するより、そばに好みをなんとなく共有するハッカーという民族がいたほうがより楽しめ、良い成果が出せることや、誰にでもその趣味が受け入れられるわけではないことをハッカーたちは知っていて、だからハッカースペースが必要とされます。僕らは自分たちのままでいるために、集まる必要があります。

　僕がハッカースペースを訪問するのもそういう理由です。街のカフェより、ハッカースペースで机を借りるほうが、僕は居心地がいいのです。

　多くのハッカースペースは、中にメンバーがいるときならいつでも入れて、電源や無線ＬＡＮも借りられ、特に断りなくずっといていい雰囲気があります。なので、新しい街に行くときや、まとまって作業したいとき、なんとなく人恋しくなったときには、ついハッカースペースに足が向きます。

　この本は、二〇一五年からウェブメディア「CodeZine」で連載していた「世界ハッカースペースガイド」を書籍のためにまとめなおして追記したものです。原稿のほとんどは、世界のいろいろなハッカースペースでデスクを借りて書き、この「まえがき」はシンガポールのハッカースペースで書いています。日本人はどの国にもいるけど、ハッカースペースに来ることはあまりないので、海外のハッカースペースで時間を過ごす日本人がもっと増えるといいと思いながら、いつも原稿を書いていました。

ハッカーは旅をする

　テクノロジーが好きな人なら、海外のハッカースペースを訪れれば、何かしら興味を同じくする友達が見つかるでしょう。共通の話題があることも多いし、観光地ではないので、観光客を相手にする物売りや詐欺師もいません。僕は外国のハッカースペースで出会い、その後他のイベントで再会したり、僕のなじみの場所を案内したり、共通の知人を紹介したりして、長いつきあいになっている外国人の友達が何人かいます。逆にテクノロジーと縁が薄い友人は、日本人でも外国人でもほとんどいないので、他のやり方ではここまでいろいろな場所で友人を作ることはできなかったでしょう。

僕は海外旅行が好きで、大学生の頃から何度かバックパッカー旅行をしてきました。さまざまな旅行者が集まる宿に行きました。でも、そこから今までつながる人間関係はできませんでした。旅でなく日常の生活でも、学生時代の友達や地元の友達とは疎遠になってしまい、今つきあいがある相手はほとんどテクノロジーがらみです。もし僕とテクノロジーの関係が切れてしまったら、僕は親ぐらいしかつながりのない人になってしまうでしょう。

体験が「見える風景」を変える

自分が少しでも手を動かして体験したことがあると、見える風景も変わります。
Make:マガジン編集長のマーク・フラウエンフェルダーは、手を動かすことが最終的に社会との関係を変えることについてこう語っています。

> 今の世の中には、コントロールできないものが多過ぎる。Makeのカルチャーは「コントロールできるものを自分たちの手に取り戻そう」という考え方だ。政治や経済は自分たちでコントロ

> ールできない。だが、ものを作ることは自分でコントロールできる。この「自分は何かをコントロールできる」という想いを抱くことを、メイカーはとても大事にしている。
>
> 例えば、椅子を自作したとする。もちろん既製品より出来は劣る。しかし、自分で作った椅子には愛着が湧き、さらに「既製品の椅子が、どういう接着剤やネジを使って作られているか？」といった新しい視点が生まれる。それまでの人生では、作りの良い椅子を見ても特に何も感じなかったかもしれないが、実際に手を動かして関わってみることで、かつて無縁だったものに親しみが生まれ、まるで仲間が作ったもののように思えるようになる。こうした経験を積むことで、作り手に対する感謝や尊敬の念を持てるようになるだろう。
>
> メイカーになる喜びの一つは、その視点を手に入れられるところにあると、私は考えている。それにより、自分の行動や人生の質が変わってくる。自らの手で何かを作ろうとした際、最初は失敗することも多いが、成功や失敗を通じて自分と世界とのつながりが増えていく。自分自身の姿勢が変わっていくことで、家族とのやりとり、コミュニティとのやりとり、そして社会全体が変わっていく。
>
> （引用元：Mark Frauenfelder著／金井哲夫訳『Made by Hand――ポンコツDIYで自分を取り戻す』オライリー・ジャパン）

エンジニアであれば、頷ける部分が多い言葉だと思います。僕はシンガポールで、たまに自家製ビールを醸造しています。ビールの醸造を始めてから、それまでほとんど興味を覚えていなかったバイオハックや生物学について興味が生まれ、先日カリフォルニアのバイオハッカーたちの集まりに出たときに、「豆乳からチーズやヨーグルトを作るバクテリア」の話で、具体的な酵母の名前や温度を含めて盛り上がりました。バイオハックに限らず、国や言葉が違っても、共通の体験が僕たちをつなげます。

メイカーおよびハッカー（どちらもさまざまな意味で使われ、メイカーというよりハードウェア寄りで使われることが多いですが、本書ではほぼ同じものとして扱います）としても活躍するSF作家の野尻抱介先生は、SFファンたちが自らの集まりをファンダム（fandom/ファン王国）と呼び、「ファンダムは生き方である」と称するSFファンの活動とメイカーの活動を重ね、「作品・プロジェクトは小説と同等に語られるべきで、作者の人生がにじみ出る」と語ります。僕も同感で、ハッカーたちがどういうものを作っているかを知ることは彼らの人生を知ること、つまり「ハッカーとは生き方である」と思います。

ハッカーという大きな共通する価値観のなかで、やっていることを共有する――人生を見せ合うことは、お互いの生活をとても豊かにします。そのためにハッカーは旅をし、他のハッカーと出会いたがります。

テクノロジーが好きな世界中の人（多くは、アニメやSFも好き）にとって、日本は特別な場所です。旅する日本人ハッカーは少ないので、どこのハッカースペースでも僕の訪問は珍しがられました。

この本を読んだテクノロジー好きが、世界のテクノロジー好きと出会いを作っていけるといいなと思っています。

ウェブ連載からまとめ直す際には、伊藤亜聖、井上泰一、加藤航、鈴木涼太、山本遼、湯村翼の各氏にコメントをいただきました。どうもありがとうございます。

第1章

ハッカースペースって どんなところ？

ハッカースペースはハッカーたちの集会場や作業場

ハッカーはテクノロジーや問題解決を好む人たちです。「ハッカー」という言葉について、皆が満足できるようなハッキリした定義はありませんが、多くはオタク、テッキー、ギーク、メイカーと呼ばれる人たちと近く、ＤＩＹやインディーズという精神性、「自分のことは自分で決める」という考え方を持っています。自分たちの話題や興味が誰にでも受け入れられるわけではないことは知っていて、闇雲に誰とでも仲良くなるわけではありません。一方でハッカー同士はお互い情報交換をし、刺激を受けることを好みます。日本語のオタクが、オタク同士で会ったときに相手を「お宅」（君とか名前とか、個人をなんとなく呼びづらい）と呼んだのとちょっと近い距離感だと思います。

先進国の各都市には、そうしたハッカーたちが集まるハッカースペース、メイカースペースと呼ばれる場所があります。日本では板橋区に東京ハッカースペースがあります。

「何がハッカースペースなのか」については明確な定義はなく、認定組織もありません。スペースの管理者が、「ここはハッカースペースだ」と自称すればそれがハッカースペースです。

ハッカースペースの提唱者である、アメリカ人のミッチ・アルトマンが作った世界のハッカースペースのリンク集「ハッカースペース・ウィキ[†1]」には多くのハッカースペースがリンクされていますが、これは誰でも自由に登録できるもので、載っていないスペースも多くあります。

ハッカースペースのいくつかはシェアオフィスとして、エンジニア・デザイナーたちの活動の場になっています。メンバーシップ会費を払えば机が与えられ、郵便物を受け取ることができます。なかには住める個室がいくつもあり、シェアルームになっているハッカースペースも見ました。多くのハッカースペースがソファーや寝袋などを備え、いつも誰かしらハッカーがいます。固定の住人がいなくても、誰かがいつもいて、アポイントメントなしで訪問できることはとてもカジュアルな雰囲気を作ります。そうしたハッカースペースにアポイントメントを取ろうとすると「まあ、いつでも誰かいるから、適当に来てよ」みたいな回答が返ってきます。

日本だと、フリーランス（派遣社員でなく、個人でプロジェクトを受ける）エンジニアという形態があまりないので、こうしたハッカースペースは少ない印象があります。コワーキングスペースに近い形のハッカースペースだと、訪問にアポイントメントが必要だったり、ドアを開けるためにＩＤカードを借りなければならなかったりする形が増えていきます。ただ、それでも集まれることは大事だし、「こうでなければハッカースペースではない」という形はありません。

ハッカースペースの中では利用者たちがもちろん各自、ＰＣに向かって何か作業したり、くつろいでいたりします。プログラムを書いている人、ハンダとオシロスコープで電子回路を作っている人、旋盤で削っている人……もちろんネットゲームをやっている人やアニメを見ている人もいます。共有の書棚には技術書が並び、ボードゲームなどもあります。

ワークショップ、ハッカソン、プレゼンテーション大会などのイベントも行われます。週に一回程度「Meetup」と呼ばれるプレゼン大会と飲み会を兼ねたイベントが行われ、そこで「君、最近どんなモノ作ったの?」という情報交換が行われることが多いようです。

本書ではこのような場所、

A　物理的な場所を備えていること（オンラインだけじゃないこと）
B　ハッカーたちがいること
C　いつでも誰でも中に入れること
D　なんとなく滞在できること

つまり、ふらっと訪ねることができそうなハッカースペースを中心に紹介します。

平日の昼間は会社勤めをしているハッカーは多く、二十四時間いつも人がいるハッカースペースは実際は少なく、アポイントを取って訪問することがほとんどですが。

---

†1 https://wiki.hackerspaces.org/Hackerspaces

生活感が溢れる、デンマークのハッカースペース illutron のランドリー。

ハッカースペースでのワークショップ、iPython の講習会。
シンガポールのハッカースペース HackerspaceSG にて。

ミッチ・アルトマンの開いたノイズブリッジに見る、ハッカースペースのスタンダード

ハッカースペースという言葉や、後述するハッカースペースパスポートの提唱者であるミッチ・アルトマンが運営している、お膝元とも言えるスペース、ノイズブリッジ（Noisebridge）がサンフランシスコにあります。

ミッチ・アルトマンと、彼のハッカースペースは一つの標準になっているので、まずそれらを紹介しましょう。

ミッチはハードウェアハッカー界の有名人で、世界中のハッカースペースやイベントに招待されています。講演では「どうやって自分が、自分のやっていることを愛せるようになったか」を語ります。

ミッチは、エレクトロニクス関係のコンサルタントやフリーランスのエンジニアとして、さまざまなプロジェクトを手掛けていました。仕事はやりがいがありましたが、仕事以外の自分の時間は、さほど面白くないテレビを見るだけで一日が終わってしまい、興味を共有できる人がいなくて寂しいことに気づきました。あるとき、「頼まれた仕事でなく、自分のやりたいことに時間をかけたい」として、一年間の休暇というか、生活費を稼がない期間に入ります。

いくつかボランティアで目についたプロジェクトに取り組んだ後、「自分の視界に入ったあらゆるテレビを消す」プロジェクト、TV-B-Goneを始めます。大き目のキーホルダーぐらいのリモコン型デバイスから、さまざまなテレビに対応した電源オフのリモコン信号を出し、すべてのテレビを消すプロジェクトです。各社のテレビリモコンのオフ信号を解析し、一年半をかけたプロジェクトは自分自身のため

だけに作ったものでしたが、欲しがる友達が多いため市販したところ大成功。今はTV-B-Goneがメインの仕事になっています。

有名人になったミッチは、さまざまなハッカーイベントに招かれるようになり、ワークショップなどを行うようになりました。

「僕は自分みたいなハッカーたちと一緒にいたかったんだ。イベントに呼ばれるようになって、やっと自分の種族を見つけた」とミッチは語ります。そのハッカーという種族がいつも一緒にいられるように、ミッチはハッカースペースという試みをサンフランシスコで始めました。つまり、仲間と一緒にいたくて、スペースを始めたのです。

彼の生い立ちについては、世界のメイカーたちの手記がまとまっている『物を作って生きるには』（オライリー・ジャパン、ISBN 978-4873117478）にもまとまっています。

そのノイズブリッジのトップページには、ミッチらしいメッセージが掲載されています。

> 僕たちノイズブリッジは、テクニカル・クリエイティブなプロジェクトのためのハッカースペースで、メンバーたちによって運営されている。僕たちは非営利で教育的で公益的なことをする。ここはサンフランシスコの中心部に五二〇〇平方フィート（四八三平方メートル）の場所がある。僕たちは教え、学び、共有する。僕たちは遊び、働き、学ぶための場所を提供する。「お

互い邪魔をしないための原則」と、「コミュニティの原則」の二つの文書を理解して参加してほしい。これがノイズブリッジや、おそらく他のスペースを訪問する際の原則だ。

「ルールがないのがルール」とノイズブリッジを説明するミッチは、ハッカースペースについて「どんなに良い場所があっても、いい工作機械やオモチャがあっても、そこにハッカーたちがいなければそれはハッカースペースと呼ばない。たとえばシリコンバレーには、たしかに新しいものを生むマジックがある。でも世界中の人たちがそれを真似しようとして建物だけを作っている。建物が大切なのではなくて、そこで生まれるマジックが大切なのに」と語っています。

サンフランシスコはチャイナタウンの中華料理が名物になるように、世界中から人が集まってくる多民族の街です。ノイズブリッジはそのサンフランシスコのダウンタウンにあります。ことさらに治安が悪い地区には思えませんでしたが、近所のスーパーにはアメリカの生活保護にあたるフードスタンプに対応しているサインが並び、路上にはホームレスも見られるようなところで、高級住宅街ではありません。

ノイズブリッジのウェブサイトは新しい人をテクノロジーの世界に導く、初心者向けのイベント案内で満ちています。ノイズブリッジは高額な工作機械で満ちているわけでも、自然と人が集まる表通りにあるわけでもありませんが、寄付とメンバー費で運営され、連日初心者向けのイベントが行われているここは、たしかにハッカースペースのオリジンと言えるでしょう。

チップや教会の運営などで寄付のカルチャーがあるアメリカらしく、ノイズブリッジでも、ステッカーの配布場所などには、あわせて寄付を求めるメッセージが書いてあります。

本書では、ハッカースペースごとに訪問方法を次のように記載していきます。ぜひノイズブリッジを訪問してみてください。

▼ノイズブリッジ

- 住所：2169 Mission St, San Francisco, CA 94103, アメリカ
- ウェブサイト：https://www.noisebridge.net/
- ハッカースペース・ウィキ：https://wiki.hackerspaces.org/noisebridge
- 広さ：五二〇〇平方フィート
- 会費：月額八十ドル
- 訪問難易度：★★★（星三つが最も簡単）

公式サイトにイベントの記載がたくさんあるので、まずはイベントに参加してみるのがオススメ。

NoiseBridge の内部。いつも誰かがいる。入り口そばには寄付を呼びかけるメッセージと箱が。

NoiseBridge のあるサンフランシスコのダウンタウン。道に散らばるゴミ、庶民的なドーナツ屋とフードスタンプが使えるスーパー。「サンフランシスコの中では土地の安い場所に広いスペースを確保できたのはラッキーだったね」とミッチは語る。

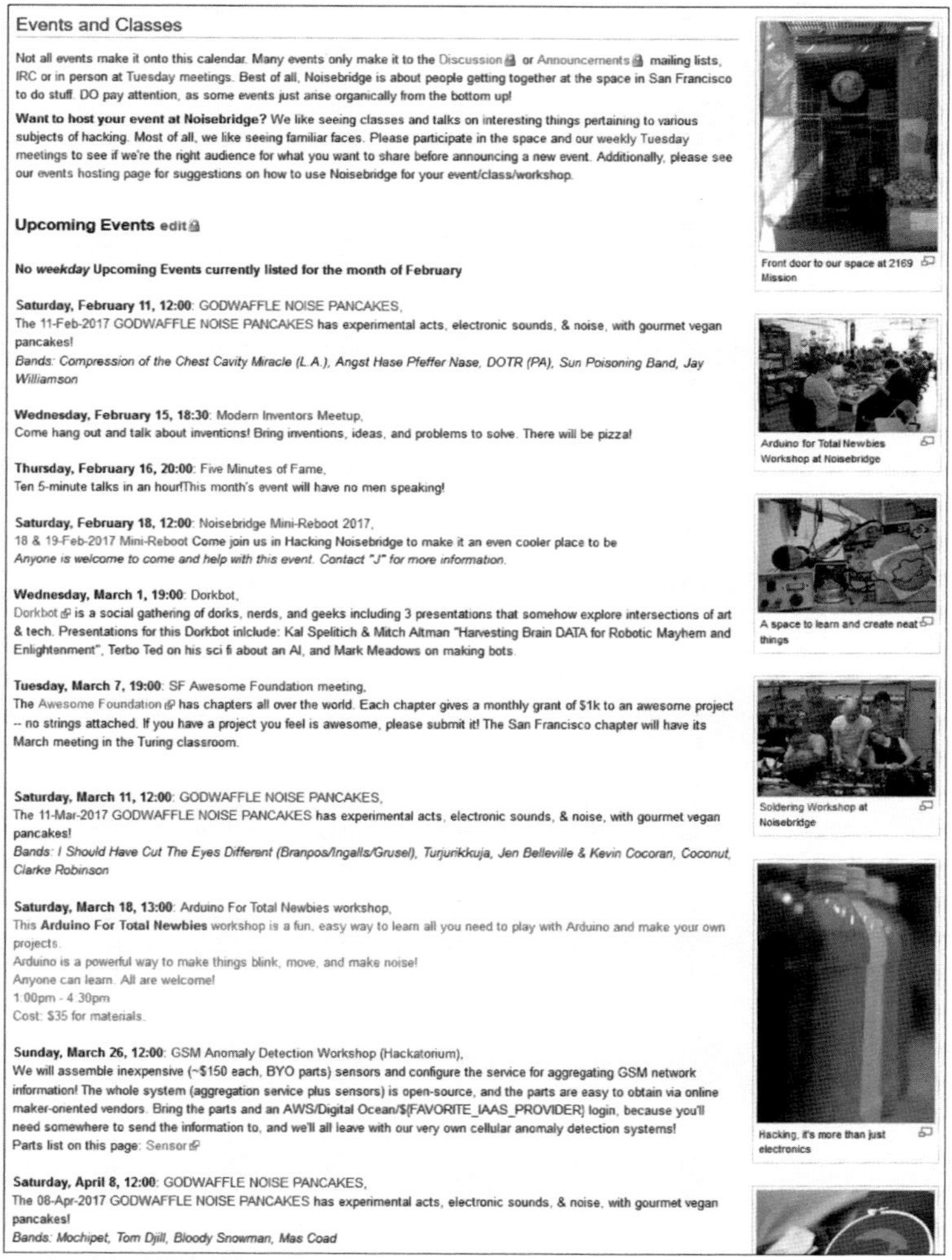

Events and Classes

Not all events make it onto this calendar. Many events only make it to the Discussion or Announcements mailing lists, IRC or in person at Tuesday meetings. Best of all, Noisebridge is about people getting together at the space in San Francisco to do stuff. DO pay attention, as some events just arise organically from the bottom up!

Want to host your event at Noisebridge? We like seeing classes and talks on interesting things pertaining to various subjects of hacking. Most of all, we like seeing familiar faces. Please participate in the space and our weekly Tuesday meetings to see if we're the right audience for what you want to share before announcing a new event. Additionally, please see our events hosting page for suggestions on how to use Noisebridge for your event/class/workshop.

Upcoming Events edit

No *weekday* Upcoming Events currently listed for the month of February

Saturday, February 11, 12:00: GODWAFFLE NOISE PANCAKES,
The 11-Feb-2017 GODWAFFLE NOISE PANCAKES has experimental acts, electronic sounds, & noise, with gourmet vegan pancakes!
Bands: Compression of the Chest Cavity Miracle (L.A.), Angst Hase Pfeffer Nase, DOTR (PA), Sun Poisoning Band, Jay Williamson

Wednesday, February 15, 18:30: Modern Inventors Meetup,
Come hang out and talk about inventions! Bring inventions, ideas, and problems to solve. There will be pizza!

Thursday, February 16, 20:00: Five Minutes of Fame,
Ten 5-minute talks in an hour!This month's event will have no men speaking!

Saturday, February 18, 12:00: Noisebridge Mini-Reboot 2017,
18 & 19-Feb-2017 Mini-Reboot Come join us in Hacking Noisebridge to make it an even cooler place to be
Anyone is welcome to come and help with this event. Contact "J" for more information.

Wednesday, March 1, 19:00: Dorkbot,
Dorkbot is a social gathering of dorks, nerds, and geeks including 3 presentations that somehow explore intersections of art & tech. Presentations for this Dorkbot inlclude: Kal Spelitich & Mitch Altman "Harvesting Brain DATA for Robotic Mayhem and Enlightenment", Terbo Ted on his sci fi about an AI, and Mark Meadows on making bots.

Tuesday, March 7, 19:00: SF Awesome Foundation meeting,
The Awesome Foundation has chapters all over the world. Each chapter gives a monthly grant of $1k to an awesome project -- no strings attached. If you have a project you feel is awesome, please submit it! The San Francisco chapter will have its March meeting in the Turing classroom.

Saturday, March 11, 12:00: GODWAFFLE NOISE PANCAKES,
The 11-Mar-2017 GODWAFFLE NOISE PANCAKES has experimental acts, electronic sounds, & noise, with gourmet vegan pancakes!
Bands: I Should Have Cut The Eyes Different (Branpos/Ingalls/Grusel), Turjurikkuja, Jen Belleville & Kevin Cocoran, Coconut, Clarke Robinson

Saturday, March 18, 13:00: Arduino For Total Newbies workshop,
This **Arduino For Total Newbies** workshop is a fun, easy way to learn all you need to play with Arduino and make your own projects.
Arduino is a powerful way to make things blink, move, and make noise!
Anyone can learn. All are welcome!
1:00pm - 4:30pm
Cost: $35 for materials.

Sunday, March 26, 12:00: GSM Anomaly Detection Workshop (Hackatorium),
We will assemble inexpensive (~$150 each, BYO parts) sensors and configure the service for aggregating GSM network information! The whole system (aggregation service plus sensors) is open-source, and the parts are easy to obtain via online maker-oriented vendors. Bring the parts and an AWS/Digital Ocean/${FAVORITE_IAAS_PROVIDER} login, because you'll need somewhere to send the information to, and we'll all leave with our very own cellular anomaly detection systems!
Parts list on this page: Sensor

Saturday, April 8, 12:00: GODWAFFLE NOISE PANCAKES,
The 08-Apr-2017 GODWAFFLE NOISE PANCAKES has experimental acts, electronic sounds, & noise, with gourmet vegan pancakes!
Bands: Mochipet, Tom Djill, Bloody Snowman, Mas Coad

Front door to our space at 2169 Mission

Arduino for Total Newbies Workshop at Noisebridge

A space to learn and create neat things

Soldering Workshop at Noisebridge

Hacking, it's more than just electronics

ハッカー文化の継承を心掛けるミッチのスペースらしく、NoiseBridgeでは初心者向けのワークショップ案内で満ちている。新しい人を受け入れるための試みである。

ハッカースペースへのアポイントメント、訪問方法

前述のハッカースペース・ウィキをたどると簡単に他のスペースを見つけることができます。広さ、設立日など、だいたいのことはウィキに書いてあります。ただ、はるか昔に登録してその後引っ越したところや、現在は活動が下火になっていて、誰もいない時間が多いスペースも多々あるので、僕は数日前ぐらいに「僕はシンガポールから来た日本のハッカーで、明日の午後に訪問したいのだけど、だれかスペースにいる?」みたいなアポイントメントを、メールやIRCチャットやFacebookグループなどで取るようにしています。ちゃんと返信が返ってくれば、活動していることがわかります。

当日は、簡単な手土産（適当なモノが見つからなければ、その辺のコンビニで買ったコーラとか）を持って訪問するのですが、物理的に目的地を訪ねることが一番難しいかもしれません。ほとんどのハッカースペースは雑居ビルの一室とか、住宅街の特に特徴のない建物に入居していて、ホテルのような目立つ看板は出ていません。はじめての国で、はじめて触れる言語で書かれた住所やグーグルマップだけを頼りに訪問するのは、いろいろ旅してる僕でも相当難しく、目的地に近づいても三十分ぐらい迷うことはよくあります。

そういうところを訪問していると、逆にホテルやカンファレンス会場のような「人を呼ぶために設計された場所」がどれだけ見つかりやすいかわかります。

会話はだいたい英語

アポイントメントを取るメールや、現地についてからの会話は、だいたい英語です。

- 簡単な自己紹介
- いつごろ時間があるので、訪問したい
- いつからいつまで、何のためにこの国にいる

みたいな内容を、Facebookメッセージで送っても問題ないような短い文章で送ります。

次のページに、アムステルダムのハッカースペースを訪ねたときの英文メールを掲載してあります。海外に出たばかりの頃で、数行のひどい英文ですが、これでも返事は来て、訪問することができました。

もちろん、その後関係が続かないと意味がないので、コンタクトを交換した人にはその後「訪問させてくれてありがとう。次の数か月にはこういうイベントに行くよ。シンガポールに来たときは連絡ちょうだいね」など、自分ができることとやりたいことをまとめたメールを送ります。その後東京やシンガポールのメイカーフェアに訪ねてきてくれることも多いです。

Hi Incognita!

I'm Japanese Hacker, Takasu.

I stay in Copenhagen, this is my first Europa trip, until 10/Sep.

I visited lots of the hackerspace. Tokyo,Taipei,Bangkok,HongKong,Shenzhen.

And member of Singapore Hackerspace.

http://jp.linkedin.com/pub/masakazu-takasu/58/656/1

I want to visit your space.

オランダ・アムステルダムのハッカースペース Technologia Incognita (http://techinc.nl/) を訪ねたときのアポイント願い。
「日本人のハッカーで、いろんなハッカースペースを訪ねてるんだけど、時間ない？」みたいな内容が書いてある。

ひどい英文だけど、ちゃんとレスがあって、訪問できた。後ろ姿で映っているA.P. Justa（通称アムさん）は日本が好きなセキュリティエンジニアで、その後日本を訪問して、僕つながりでニコニコ技術部のIRCにコンタクトして、日本のギークともんじゃ焼きを食べたりしていた。

ハッカースペースパスポートを入手しよう

オープンソースのハッカースペースパスポート

「よし、いろんなハッカースペースを訪ねてみよう！」と思ったら、まずハッカースペースパスポートを入手することをオススメします。

ハッカースペースパスポート†2は、さまざまなハッカースペースを渡り歩くハッカーたちが、スタンプをためていく遊びのためのパスポートです。前述のミッチとデザイナーのマシュー・ボルガッティが提唱し、彼らのクレジットのもと、ノイズブリッジのウェブサイトでＰＤＦ†3が公開されています。

クリエイティブ・コモンズのライセンスなので、ＰＤＦを自分で印刷してもよいですが、左記のようなネットショップで、三ドルぐらいでホンモノのパスポートのような装丁のものが販売されています。

- Adafruit　https://www.adafruit.com/products/769
- Seeed　http://www.seeedstudio.com/depot/hackerspace-passport-p-1027.html
- Snootlab　http://snootlab.com/shields-snootlab/891-html
- SparkFun　https://www.sparkfun.com/products/11079

どこのハッカースペースにも、パスポートに押すためのスタンプやステッカーがあります。スタンプがあるのは、ハッカーたちのパスポートに押すためで、お互いのパスポートを見せ合えば、共通の知人や訪ねた場所が見つかるかもしれません。

ハッカースペースパスポートの提唱者、ミッチ・アルトマンとパスポートを見せ合う。僕のパスポートは中国のSeeedで作られたものなので、表紙に中国語で創客护照と書いてある。

さまざまなハッカースペースのステッカー、スタンプなどでパスポートは埋まっていく。

なぜハッカーが旅をするのか?

ハッカースペースパスポートは、ハッカースペースを訪ね合うお遊びのために作ったものです。身分証明書の出身地が「銀河 - 天の川 - 太陽系 - 第三惑星」になっているなど、いくつもハッカーらしい遊び心が仕込んであります。

でも、冗談だけで作られたわけではなくて、キーになっているメッセージは、ハッカー精神を表したとても美しいものです。

パスポートにあるスローガンは、旅するハッカーの精神をこう伝えます。

世界に広がるハッカーの世界を探索しに行こう! ハッカースペースやハッカーカンファレンスを訪れ、仲良くなれそうな「おまいら」を探し、どんなテクノロジーが好きかについてアツく語り合い、教え合おう。僕らはもっと知りたい、語りたいと思っていて、もっと多くのハッカースペースにつながろうと思っているんだ。

僕らはコミュニティが必要だ。宇宙から地球の各地にバラまかれた種のような僕たちが、互いに学び、教え合うために。さらに僕らは、互いにつながることで自分たちそれぞれのクリエイティビティを超えていける。僕らはそうやってこれまで生き残ってきたんだ。

僕らは自分だけの想像力を超えて、無限大に大きくできる。

ハッカースペースは、世界の僕らが愛するすべてのモノをハックして、互いに成果を共有する。僕らはお互いのために、ハードウェアもソフトウェアも、アートもクラフトもサイエンスも、食事も音楽も社会も、惑星だってハックできる。インターネットでアクセスできるものならどんなものでも、もちろん自分の人生だってハックしていくことができる。

ハックとは何か？　見つけるためにはまず、これまで触れてきたものの中で自分を一番コーフンさせてくれるもの、刺激されるものを他人に話すのがいい。アツくなれるものがない？　ハッカースペースの扉を叩けば、それを一緒に探す仲間がいつでも見つかるだろう。

君がこれまでハックしたものやその楽しさを、ぜひ広めてほしい。自分が何を知り、何を知らないかを広めることで、さらに新しいものを学ぶことができる。僕らはいつも、君が来たときにもっといろいろ教えてもらいたいと思っている。好きなだけたくさんのハッカースペースのスタンプを集め、交換すればいい。君や僕たちが好きなこと、お互いの知識の交換は、世界をより良くすることにつながっているんだ。世界的なハッカースペースのムーブメントは、君をサポートする。好きなものを探しに行こう！


コンピュータだけを相手にしているように思われがちなハッカーですが、基本的には社会的な存在です。プログラムをオープンソースにするのは誰かにハックしてもらいたいからだし、ハッカースペースを設けるのはそこに集まって交流するためです。

移り変わりが早いコンピュータの世界ではもう歴史になりつつありますが、一九九六年にエリック・レイモンドというハッカー文化の伝道師が「ハッカーになろう（How To Become A Hacker）†4」という文書をアップしました。そこには、ハッカーが社会的な存在であること、テクノロジーへの愛と問題解決を愛する「ハッカー文化」のような共通する価値について生き生きと語られています。

ソフトウェアのハッカーはオンラインのコミュニティが中心で、物理的にハッカースペースを渡り歩いてスタンプを集めるみたいな活動が目立っていたわけではありませんが、メイカームーブメントにより盛り上がっているハードウェア関係のハッカーは、物理的な移動も多いです。特にハードウェア開発の中心地である中国の深圳や香港にいると、アメリカでは乏しい製造業のリソースを求めて、世界中から集まってくるハッカーたちに出会います。

ハッカースペースパスポートは、宣伝をしているわけでもないし、それほど高いものではありません。日本のハッカーに話したらほぼ誰も知りませんでした。アジアにいる欧米人ハッカーや、彼らとやりとりが多いハッカーはだいたい知っていて持っている人も多く、自分でハッカースペースをやるような人なら、パスポートの存在は知っていてスタンプを用意している人もいる、ぐらいの感じです。

ぜひ、パスポートを持って世界中のハッカースペースを訪ね、スタンプを集めていくことをオススメします。

---

†2 https://wiki.hackerspaces.org/Hackerspaces_Passport
†3 https://www.noisebridge.net/images/0/0c/Hackerpass08.pdf
†4 山形浩生による邦訳　http://cruel.org/freeware/hacker.html

ミッチ・アルトマンから皆さんへのメッセージ

この本の出版にあたって、ミッチから読者の皆さんにメッセージをもらいました。彼はハッカーたちがお互い会って仲良くなり、お互いをより気持ちよくすることを、素晴らしいことだと思っています。

あなたがこれを読んでいるなら、ハッカースペースを周遊して訪問することは素晴らしいことだと考えているのだろう。そのとおりだ！　君の地元にも世界中にも、僕らの惑星はハッカースペースで満ちている。

この地球には七十億人の人がいる。君が一緒にいたいと思う人たちをどこで見つけるのかはわからないが、「ハッカースペースやハッカーカンファレンスにいる」というのは、僕らみたいな人種にとってとても強力なフィルターだ。

ぼくらは引きこもりで内向的なオタクだから、誰とでも話したいわけじゃない。でも、ハッカースペースやハッカーカンファレンスに参加している連中はほとんどすべてが内向的なオタクだ。しかも彼らは、おそらくクールなプロジェクトを持っている（または考えている）内向的なオタクなんだ。だから、「どういうことをやっているの？　試させてもらえる？」と話しかけることで、簡単に会話を始めることができる。

そうやって話しかけたからと言って君の人格が変わるわけじゃない。君が独自の趣味を持ったコミュ障のオタクであることはすごく大事な、いちばん良いことだ！　それでも、生涯の友人になるかもしれない人々に会うことができる。その人に会う前にあなたが興味を持っていなかったことに興味を持つこともある。オタクとの出会いは人生を変えるかもしれない。

私たちの生活のすべてがよりクールになる。自分の好きなことにさらなる情報が見つかるかもしれない。

見つかったことの中で、好きなことだけをやろう。嫌いなことをする時間を減らしていこう。出会いはそこから始まる。君は自分の人生をさらにクールにするものを選んでいくことができる。たくさんの選択肢を持って、そこから自由に選べることは大事だ。何を選んでも、必ず一緒に楽しむコミュニティが見つかるだろう。それがハッカースペースの魔法なんだ。

だから、自分の興味とともに歩こう。一緒に歩いて行ける人たちを見つけよう。君が時間をかけていろいろなものを選んだことを他人に伝えよう。それが他人を変えるかも知れない。経験を分かち合おう。それは僕たちみんなが成長する方法だ。

ぼくらの世界にはあなたが必要なんだ。君が必要なんだ。

僕たちはお互いを必要としている。一緒にいてくれてありがとう。

第2章

アメリカのハッカースペース

アメリカのハッカースペース事情

ハッカースペースの発祥や本場はやはりアメリカと言えそうです。テクノロジーの専門家であり、かつどこの組織にも属していない、自分のことは自分で決められる人たちが引き起こすＤＩＹ的なカルチャーも、そのためのハッカースペースもアメリカから発祥しています。今は巨大コンピュータ会社になったAppleが誕生したきっかけの一つであるホームブリュー・コンピュータクラブもアメリカ西海岸からの活動で、現在で言うハッカースペース的なコミュニティから起こったものです。

特に二〇〇〇年以降、そうした独立エンジニアたちの活動がスタートアップのブームと結びつき、数名でガレージから始まってみるみる大きくなる企業が次々と出てくるにつれて、スタートアップのゆりかごともなりえるハッカースペースにはますます注目されています。

前章で西海岸・サンフランシスコのノイズブリッジを紹介したので、ここでは、東海岸のニューヨークのハッカースペースを紹介します。どちらも世界中から進化を求める人たちが集まってくる多民族の街です。

スタートアップブームに沸く多様性の街ニューヨーク

ニューヨーク市でのメイカーカンファレンス

アメリカは、「自分たちでゼロから作った実験国家」という精神をまだ色濃く残している国です。誰でもアメリカ人に「なれる」し、どの都市も何千年も歴史を積み重ねてきたわけではなくて、人が住むためにデザインされたものです。ニューヨークはその実験国家という側面の象徴でもあり、最先端でもあります。テクノロジーやコードは、未来を切り開く道具です。ニューヨーク市は市政府にＣＴＯ（最高技術責任者）を設け、アメリカの中でもさらにテクノロジー、情報産業に比重を置いた振興をする試みを始めました。もう一つ、ニューヨークは世界中から移民が集まる街でもあります。僕が滞在していたクイーンズ地区では、ストリートごとに韓国系、チベット系、イラン系などさまざまなエスニシティの生活が営まれていました。

世界中で３Ｄプリンタのブームを引き起こしたメイカーボットは、ＮＹＣレジスター（NYC Resistor）というメイカースペースから生まれました。ニューヨークは今スタートアップブームの中心地の一つになっています。

そのニューヨークでは毎年、ワールド・メイカーフェアという世界中からセレクトされたメイカーたちが集まり、自らのプロジェクトを展示するイベントと、メイカーカンファレンス（メイカーコン、MakerCon）というイベントも開かれています。

二〇一五年の九月二十四日、ニューヨーク科学ホールにて、MakerCon NY 2015が開催されました。ニューヨークでのメイカーカンファレンスは、そういう都市の性質を大きく反映したイベントとなっていました。

「マッドサイエンティストも住める」ニューヨーク市CTOのスピーチ

メイカーコン・ニューヨークは、メイカーフェアの発起人のデール・ダハティ、ニューヨーク科学ホールの館長マーガレット・ハニーに続いて、ニューヨーク市CTOのミネルバ・タントコが、まとまりづらい多様性をむしろ武器にして未来を作っていくやり方について語るところから始まりました。

ニューヨークはなによりもダイバーシティ、多様性の街だ。人々も産業も広告も、あらゆる点で多様性があり、一つにまとまるということはない。それはデメリットでもあるが、イノベーションのヒントでもある。

この街ならどんなにマッドなサイエンティストも生活することができ、スタートアップの起業家と生活者と研究者がともに生活しながらイノベーションを生み出す、住める研究所（Living Lab）として成り立つ。この街には三十万種類の職業があり、世界的な大富豪も住んでいる。

今後十年でニューヨークのすべての学校にコンピュータサイエンスのコースを作る。ニューヨークには多くのIT企業があるが、それらの会社にサマーインターンのコースを設け、学生がエンジニアとしての体験を得られるようにする。

キーノートスピーチを行うニューヨーク市 CTO のミネルバ。
市政府に CTO がいるのも、それが女性であるのも珍しい風景。

よりDo It With Othersな世界に

今回のメイカーカンファレンスのセッションは、政治・教育・自分のプロジェクトの紹介・文化など多くのテーマにわたりました。どのセッションでも共通していたテーマは、ハッカースペースとも共通する「いかに仲間を集めるか」だと感じました。

世界のメイカーたちを支えるビジネスをしている深圳・SeeedのエリックパンはI「量産：メイカーたちはどうやってモノを作るか（MANUFACTURING：How Makers Get Things Made）」のセッションで、「深圳から来た製造業の会社というと、みんなフォックスコンみたいな会社を想像するけど、実際はもっと小さい会社がメイカーを成り立たせていて、そういう会社は試しにやってみるとか、やりながら考えるとか、そういうレベルで成り立っている。そういう不確定なところにメイカーが火をつける。メイカーのカルチャーはＤＩＹとは違っていて、もっと知識をシェアして仲間・支持者を増やすカルチャーがある」と語り、アメリカで製造サービスを提供しているPlethora[†1]の発起人ニックも、「クラフトビアみたいなもので、完成度が低い上に割安でもないものでも、何人かが買うようになった。以前僕は、靴下を作る大企業にいたのだけど、大企業は大きな利益が見込めないと前に進めない。それに比べるとデモクラティック、民主的な時代になった」と、コミュニティベースでの製品というものが広がっていることについて触れています。フィジカルなプロダクトはウェブサービスに比べて、ユーザの初期のハードルが高い（お試しできるウェブサービスに比べて、買わなければならない）ため、より密度の高いコミュニティを必要とするようです。開発者も、ハードウェアのハッカーほど移動や訪問をしたがるように感じます。

マンハッタンのハッカースペース

ハッカースペース・ウィキによると、ニューヨーク市には十七ものハッカースペースがあります。冒頭のミネルバCTOの発言にもあったとおり、多様な職業があり、個人で活動するアーティストやエンジニアも多いので、コワーキングスペースでもあるハッカースペースとニューヨークの街は親和性が高いのでしょう。僕はメイカーカンファレンスの他にオープンハードウェアサミットなど、いくつかのイベントに出席しましたが、どこのイベントでもハッカースペースからの出展者や参加者を見かけました。

ニューヨーク滞在中、イベントの合間などはマンハッタンのハック・マンハッタン（Hack Manhattan）にスペースを借りて仕事をしていました。

ハック・マンハッタンはハードウェア系の色が強いハッカースペースで、テック系とアート系両方の色があります。マンハッタン島の南部、向かいに救世軍のオフィスがあるような古い町並みのなか、コワーキングスペースが集まった雑居ビルの中の一室で運営されているスペースです。

ハック・マンハッタンと同フロアにはアーティストのコワーキングスペースも入居していて、住み着いている人がいるような生活感はありませんが、どちらも雑然としたアトリエ感・部室感が漂っています。

僕は計三日ほど訪ねましたが、平日のほうが人は多く、午後から集まってきて中央の共有机は埋まっていました。数名の常連メンバーは休日や夜もハッカースペースにいるようです。

黙々とキーボードを叩いている人も多いですが、二、三人はいつもテスターやハンダ付けをしていて、他のスペースよりハードウェア寄りの割合を感じます。

ハック・マンハッタンでは頻繁にイベントを運営しています。コンピュータテクノロジーばかりでなく、ソフトウェアの商標についてのディベート[†2]や、ピッキングについてのワークショップ[†3]が開かれているのはいかにもニューヨークのハッカースペースらしいところです。

ニューヨークは公共交通機関が発達していて住所も読みやすく、どこのハッカースペースもアクセスがいいので、ニューヨークを訪ねた際、ハッカースペース巡りをしてみるのはオススメです。

---

†1 https://www.plethora.com/

†2 http://www.eventbrite.com/e/software-patents-debate-free-alcoholic-and-non-alcoholic-refreshments-tickets-5099909968

†3 http://www.eventbrite.com/e/hack-manhattan-presents-college-of-lockpicking-tickets-4527656342

ギークが入り口前で路上コンピューティングしている、いかにもな入り口。

内部は雑然とした感じ。中央の共有机に７～８人は座ることができる。

メイカーフェアニューヨークに、2012 年から連続して出展している。

▼ハック・マンハッタン

- 住所：137 W 14th St, New York, NY 10011, アメリカ
- ハッカースペース・ウィキ：https://wiki.hackerspaces.org/Hack_Manhattan
- ウェブサイト：https://hackmanhattan.com/
- Facebookページ：https://www.facebook.com/HackManhattan/
- Eventbriteページ：http://www.eventbrite.com/o/hack-manhattan-1862149435
- 広さ：七三〇平方フィート
- 会費：月額一〇〇ドル
- 訪問難易度：★★（星三つが最も簡単）

誰かと一緒に行かないと入り口のドアが開かない場合があるので星二つとした。

火曜と木曜の夜七時からやってるオープンナイトなら何の問題もない。

二十四時間、高確率で誰かいるので、一回入り口の開け方がわかれば、その後訪ねるのはとてもラク。頻繁にイベントを企画している。

第3章

ヨーロッパの
ハッカースペース

ヨーロッパのハッカースペース事情

ヨーロッパは、ニューヨークやサンフランシスコほど「世界中から何かをしに集まってくる場所」ではなく、どっちかというと親と同じ生活をそのまま続けている感じを受けます。

とはいえ、全員が自分の意見を持っている、民主主義が誕生したお国柄。場所ごとに特色のあるハッカースペースが各都市にあります。

経済的にはむしろ下向いていて、新しいビジネスの種を探す必要もあり、ハッカースペースは地域に必要とされているようです。アメリカほど資本主義が活発に回っていない、よく言えばサステイナブルなヨーロッパでは、また違った多様性があるように思います。

ネットの中立性を守れ！パリのレジスタンスハッカーたち

フランスはこんな国

フランスは日本での知名度が高く、旅行ガイドなども多く発行されています。ワインやフランス料理、ファッション、そしてSFの父ジュール・ヴェルヌの『海底二万リーグ』や『月世界一周』といった小説など、僕らの生活にフランスからの影響はそれなりにあります。

フランスからの日本文化への関心も高く、古くから浮世絵、和食、近年のアニメ・マンガ・ゲームなどの受け入れが多く、僕が訪ねたときにも北斎の展覧会がパリで行われていました。

歴史的な交流は多いわりに、ここ十年ぐらいのハッカーやテクノロジーについての情報はあまり見ない国でもあります。

かつてはヨーロッパを制した帝国を作ったこともあり、プライドが高いことは間違いなさそう。僕はヨーロッパの中ではフランスで一番「英語じゃなくてフランス語を話せ、ココはフランスだ」という声をさまざまなところで聞きました。エクスキューズ・ミーではなくてパルドンと言わないと振り向いてくれない、空港のキオスクでさえそうです。

その気位の高さはハッカーにも受け継がれていました。

ハッカースペースの多い街パリ

フランスの首都パリには五個のハッカースペースがあり、さらに増殖中ですが、BlackboxeとLe Loopの二つは場所を共有しています。本書ではそのBlackboxe / Le Loopを紹介します。パリの中心部、運河で囲まれて島のようになった一角に、駐車場やトレーラーハウスが並び、フリーマーケットなどが開かれている場所があります。

ハッカースペースのある一角。奥の建物の階段を下がる。看板などはないので注意が必要。
Google Maps とこの写真を見ながらならたどり着けると思います。

僕が訪ねたときも何人かのハッカーが黒いＴシャツを着てコンピュータに向かっていました。
天井から下がったケーブル、やや猫背の姿勢、別におそろいにしたわけじゃないのになぜか多い黒いＴシャツ、そしてファンタジー系の壁紙、非常に「ハッカースペースらしい」空間です。

BlackBoxe / Le Loopが提供しているもの

BlackBoxe / Le Loopはハードウェア系のプロジェクトもソフトウェア系のプロジェクトもあるハッカースペースです。二〇一〇年に完成し、それほど古いスペースではないですが、モノを簡単に捨てないヨーロッパのハッカースペースらしく、中は年代物のさまざまなハードウェアで埋め尽くされています。アミーガ（一九八〇年代後半、強力なグラフィックシステムから、ヨーロッパ中心にゲームやＣＧなどの分野で人気だったコンピュータ）や山積みになっている古いディスクドライブなども見かけました。

かなり生活感があるスペースですが、中に人が住んでいるわけではありません。フリーのエンジニアが多く所属していますが、月会費制ではなく寄付制であることや、メンバーリストが開示されていないことなど、コワーキングスペースと言うよりは「部室」感があります。

もともとワイン蔵だった地下室は、ヨーロッパのハッカーにとってのコカ・コーラやレッドブルにあたる、糖分とカフェインを多く含むドイツ発祥の炭酸ドリンク、CLUB-MATEのケースが山積みになっています。

ＣＮＣや３Ｄプリンタ、レーザーカッターのような外装を作るデジタルファブリケーションツールやハンダごてやテスターといった電子回路を作るツールもあれば、プログラミングにいそしむメンバーもいます。

地下には粉じんの飛びやすいＣＮＣマシンなど、ハードウェア系のスペースもありました。

フランスらしいレジスタンス精神

十八世紀に民主主義の元祖と呼ばれる思想家ルソーを生んだフランスは伝統的に労働組合の力が強く、軍隊や警察がストライキを行うほど、個人主義と反抗の伝統があり、それらはハッカーの価値観と相性がいい気がします。

どこのハッカースペースにもステッカーはあるものですが、BlackBoxe / Le Loopのステッカーは質・量ともに最大で、ポリティカルなものが多いと感じました。目についたものを写真に撮りました。

左上から、「POLITICAL MEMORY」は政治家が議会でどういう政策へ賛成／反対したかを記録する、Python で書かれたオープンソースの Web アプリケーション。

「DON'T（黒塗りの伏せ字）THE INTERNET!」と、その下の「SUPPORT LA QUADRATURE!」そして右側の円周率マークのような２つは、「LA QUADRATURE DU NET」というインターネット上の市民の権利と自由を守る非営利団体です。趣旨のページにはアドボカシー活動（意見を出して政治に影響を及ぼすこと）が掲げられ、いわゆる「圧力団体」「プロ市民」の印象もあります。

活動としては、インターネットの検閲反対、インターネットの匿名性確保、表現の自由の確保、デジタル時代にあわせた著作権法の改正、オンラインプライバシーの確立などを目指していて、フランスの ISP やレジストラの経営者が参加してます。掲げられているテーマの一つの「ネット中立性」は、「通信事業者は通信の中身を見るな、アクセス元やアクセス先の情報を他者に提供するな」という考え方を指します。それはオンラインプライバシーの確保にも繋がるし、クラッキング行為の摘発をやりづらくすることにもつながります。BlackBoxe / Le Loop のメンバーは Tor のような匿名化技術を支持し、推奨しています。こういうことは「全員が満足する」のは難しく、いろんな意見が出てくる話題だと思います。

いま僕が住んでいるシンガポールは、「ツールや制度を安心して使えることが大切なので、そのための規制ならガンガン入れましょう。ただし、市場原理に反対することや自由な発想が損なわれることはよくないので、市場がちゃんと機能するようにデザインしましょう」という考え方が多数派を占めています。たとえば住宅街への監視カメラの導入とかも多くの市民は前向きです。また、イノベーションを阻害するような規制は政府が主導して緩和します。「ハッカデミア（Hackerdemia）」なんていう子供向けのＩＴ教育プログラムに助成金がつくぐらい、テクノロジーに対しては政府からの補助が強く、ハッカーに対してやさしい国でもあります。

フランスのハッカースペースは真逆で、多少インターネットが使いづらいモノになっても、自分たちの行動を自分たちでコントロールする権利を求めています。規制は、「規制である」というだけで認めづらい、政府からはコントロールも補助もなるべくされたくない、という考え方。

シンガポールとフランスの間に優劣があるとは僕は思いません。どちらも立派な考え方だと思います。

先のステッカーでも、中央上の二つは対になっていて、「データで愛を育む（WE MAKE DATA LOVE）」と「データを溢れさせてやる！（WE MAKE DATA PORN）」を掛け合わせた、ちょっとクセのあるジョーク。

フランス的な精神の表れを「エスプリ」と言うようですが、こういうクセのある頭を使ったジョークがエスプリなんだと思います。

僕のまわりの京都出身のエンジニアには、ちょっと皮肉屋で理屈っぽい人が多い気がするのですが、パリのハッカースペースにもそういう気質を感じて、しゃべっていて楽しかったです。

▼BlackBoxe / Le Loop

- 住所：20 rue de Reuilly 75012 Paris, フランス
- ハッカースペース・ウィキ：
  - http://hackerspaces.org/wiki/BlackBoxe
  - http://hackerspaces.org/wiki/Le_Loop
- 広さ：八十平方メートル
- ＩＲＣチャット：
  - irc://irc.freenode.net/blackboxe
  - irc://irc.freenode.net/leloop
- 会費：無料（寄付制）
- 訪問難易度：★★★（星三つが最も簡単）

住民はいないので、事前にアポイントが必要です。ほぼ毎日誰かいるようですが、メールやIRCでアポイントを取ってから行ったほうがよいです。

毎週水曜にはオープンデーを行っています。

地下のわかりにくい入り口ですが、この章の前半に写真を載せたので、入り口さえわかれば訪問難易度はかなり低いと思います。グーグルマップにしっかりと出てきます。ハッカースペース内は英語も通じますが、そこまでの道のりでは、英語を話してくれない人も多いのでちょっと注意。

誰でもバイオハッカーになれる　パリのLa Paillasse

バイオハッキングとは

多くのハッカーはテクノロジーを使ってソフトウェア、ハードウェアをいじっていますが、テクノロジーを使って生物をいじっているハッカーたちをバイオハッカーと呼びます。生物を利用したアート的な表現活動、たとえば苔をコントロールして何かしら絵や文字を描かせるみたいな試みや、プロの研究者が企業でやるような試み、たとえばＤＮＡ増幅をＤＩＹで行ったりしています。

コンピュータのハッカーも、コンピュータが大企業や政府しか使えなかった時代から、小規模な研究室や個人でも使えるようになるにつれて生まれてきたものです。ＤＮＡやタンパク質の解析、合成などの装置も以前に比べると安くなり、インターネットを使った知識のシェアも進んだことで、かつては製薬会社や研究機関でしか行いづらかった生物を対象にしたハックが、個人でもできるようになって、バイオハッカーというカテゴリが生まれています。３Ｄプリンタのような工作機械の発展もバイオハッキングを後押しし、日本の鳥人間株式会社は「誰でも遺伝子組み換えができる時代を」と考え、オープンソースのＤＮＡ増幅器NinjaPCR[†1]を開発しています。

パリには、七五〇平方メートルのスペースを誇る、世界でも最大級のバイオハッキングスペースがあります。

すごく大きいハッカースペースを作りたい

前節で紹介したBlackBoxeを訪問したとき、他にもハッカースペース・ウィキを頼りにパリのハッカーたちに声をかけたのですが、「今まさにハッカースペースを作っている最中なんだ」とコンタクトしてくれた人がいました。

彼はトーマス・ランドレン。La Paillasseというハッカースペースの創業者です。La Paillasseはフランス語で試験管立てを指す、バイオハッカースペースらしい名前です。

トーマスの専攻は合成生物学。ＤＮＡをいじって、狙いどおりの作物を作る技術の専門家です。自分自身が研究するだけでなく、この新しいハッカースペースの創業者でもあり、バイオベンチャーのためのシードアクセラレーター（まだ事業として立ち上がる前のクリエイターに対して起業のノウハウを提供し、事業を一緒に行う投資企業）、SynBio axlr8rのメンターの一人でもあります。

トーマスは、パリ大学で行われたプレゼンテーションで、個人ベース、DIYによるバイオハッキングについて語っています[†2]。

彼のトークでは、「一九八〇年代に、IBMのような巨大企業しかコンピュータを作れなかった時代から、後にAppleとなる、スティーブ・ジョブズとウォズニアックたちがガレージでパーソナルコンピュータを作れるようになった、立ち上げの時代があった。今のバイオハッキングはちょうどその頃を想起させる。今ちょうど、まさにムーブメントが立ち上がるところにあって、世界のいろいろなガレージで〝世界で最初のバイオハッキング〟が行われている」と語られています。

バイオハッキングは、コンピュータをいじるハッカーたちが生き物に目を向けた流れで、ハッカーたちの哲学から大きく影響を受けています。なによりも楽しみのためにハックを行い、成果をウェブにアップし、オープンソース化し、互いに共有して楽しみを大きくすることを好みます。

トーマス。僕のプレゼン後、ニコニコ技術部の活動を海外で紹介するニコ技輸出プロジェクトに興味を持って、初音ミクのスライドを撮影していました。このスライドは「日本のテクノロジーは、マンガやSF小説などにイメージを得て発展させていく」という趣旨の一枚なのですが、彼もジュール・ヴェルヌが大好きな子供だったとか。

La Paillasse は部屋が何個も連なる、防空壕のような広大な地下スペース。僕が行ったときには内装工事を行いつつ、すでにスタートしているグループもありました。

トーマスが案内してくれたのはパリの中心部にある地下室でした。広さは七五〇平方メートル。もともとは工場だったり、建築事務所だったりしたときがあったそうです。

「バイオだけでなくて、ハードウェアのエンジニアも、ソフトウェアのエンジニアも集まる場所のほうがいいし、趣味の人もスタートアップも来る場所のほうがいい。一人一人が濃いことも大事だけど、領域が違う人たちがお互いの領域に興味を持つことはすごく可能性がある。

最近のバイオの発展も、それまで別の世界だったバイオとコンピュータが近づいたことにある。

実際に薬品を使うウェットラボとコンピュータシミュレーションなどを行うドライラボの二種類、撮影ルーム、工具室など、思い描く設備をだいたい置いても、まだスペースはある。スペースが大きいほど、多彩な工具をシェアできるし、仲間を見つけやすくなるほうが研究も捗るから、なるべく大きくしたい。自分の研究がいくつかフランスから助成される公的な研究プロジェクトとなったこともあり、市民と大学の間ぐらいで、市民のハッカーやデザイナーと博士課程の学生が一緒になって活動できる場所がいいと思っている。」

トーマスの言葉どおり、La Paillasseは多様なグループが集まるハッカースペースになりつつあるようでした。

地下にあるため、工作機械やバイオの影響が外に出づらいし、照明などもコントロールできます。

バイオハッキングは、ソフトやハードに比べるとプレイヤーも少ないながら、ビジネスとしては大きな可能性を感じられるブルーオーシャンと言えます。La Paillasseはパリを本拠地に、フィリピンのマニラにも拠点を作っています。

La Pallasseでは、たとえば左記のようなプロジェクトが行われています。

バイオを用いたアート

これまで表現に使われていなかった素材を使って表現する、たとえば植物や動物をコントロールして表現を行う活動です。栄養剤の位置と量をコントロールして、アメーバに絵を描かせるプロジェクト、といったようなものです。このような表現の背景には、安い顕微鏡や任意の場所に栄養剤を落とす3Dプリンタのような仕組みが必要で、それらを作るオープンソースのプロジェクトも行われています。La Paillasseだけでなく、世界のいろいろなバイオハッカースペースで、ウェブカメラのレンズを逆転させることで顕微鏡に変える、十ドルで作れる顕微鏡ハックが行われています。

発酵

発酵のDIYワークショップも多く行われています。KOMBUCHA（コンブチャ）は紅茶や緑茶に砂糖と菌を加えて発酵させた飲み物で、日本では紅茶キノコと呼ばれています。名前はコンブチャですが、昆布茶とは関係なく、日本から間違って伝わったのだと思います。もちろんおなじみのヨーグルト、チーズといったものまで発酵で作っています。発酵は、素材や温度をコントロールするといい感じで効果が出るので、エンジニアリングに似ていて、興味を示すエンジニアが多いようです。

こういうプロジェクトの多くはApple IIの頃のコンピュータのようなもので、直接何かの役に立つモノではありません。自分で作るのでなく、買ってきたほうが安くて高品質なことが多いです。

初期のコンピュータも、コンピュータが計算するよりも数学者のリチャード・ファインマンが計算したほうが速くて正確だったと言います。ただ、コンピュータはその後個人に行き渡るまで普及し、ネットワーク化され、常時接続されたユビキタスなコンピュータであるスマートフォンを多くの人が持つよ出したばかりなのかもしれません。

うになり、今は人の意識さえ大きく変えるようになりました。バイオハッキングは、まだその道を歩き出したばかりなのかもしれません。

インターネット上で動くほとんどのサービスで、ハッカーが開発したオープンソースのソフトウェアが活用されています。僕らが普段食べるものや薬なども、ハッカーの産物になる未来を、パリの巨大なハッカースペースは感じさせます。

†1 http://logmi.jp/4834

†2 https://www.youtube.com/watch?v=6rXf_abMKik に動画があります。フランス語ですが、英語字幕がついています。

撮影スタジオになる部屋も。これは自作の 360 度撮影システム。

シェイクマシーンの上では何かの薬品が混ぜられていた。

▼La Paillasse

- 住所：226 rue Saint Denis 92130 Paris, フランス
- ハッカースペース・ウィキ：http://hackerspaces.org/wiki/La_Paillasse
- ウェブサイト：http://lapaillasse.org/
- プロジェクト紹介：http://www.lapaillasse.org/open-research#les-projets
- サイズ：七五〇平方メートル
- メンバー数：六十名
- Facebookグループ：https://www.facebook.com/groups/206707586012941/
- 会費：無料
- 訪問難易度：★★★（星三つが最も簡単）

規模も大きく、地下ですが、それほど見つけにくくない場所にあります。アポイントメントは取ったほうがオススメです。

毎週木曜の夜八時にミートアップを行っています。

BlackBoxeと同様、ハッカースペース内は英語も通じますが、そこまでの道のりでは、英語を話してくれない人も多いのでちょっと注意。

中古の船舶を改造したアートの海賊船 ILLUTRON

レジスタンス精神、バイオハッキングと紹介してきましたが、多様なヨーロッパには、また別の形のハッカースペースがあります。デンマークの首都コペンハーゲンのハッカースペース ILLUTRONを紹介します。

コペンハーゲンは人口五十五万人ぐらいの小さい街ですが、ハッカースペースが二つ存在します。一つはテクノロジーを中心にしたLabitat、もう一つがこのアートハッカースペースILLUTRONで、なんと船を改造した海に浮かぶハッカースペースです。

海に浮かぶハッカースペース、アートの海賊船

船は建築物に匹敵する大きなスペースがあり、しかも、クレーンなどの工作機械の塊です。どのスペースも洗えて頑丈で機能的に作られています。

ILLUTRONはアートを中心にしたハッカースペースで、現在二十～三十人ぐらいの登録メンバーがいます。十人ほどのパーマネントメンバーは、船室を自分の部屋としてココで寝起きしています。まさにアートの海賊船です。

月会費はハッカースペース・ウィキによると一五〇デンマーククローネ（二七六〇円）。

ILLUTRONはもともと外洋に出られるサイズだった大きな船をもとに作られています。中で何人もの人が生活することを最初から想定されているスペースなので、全体的にすごくゆとりがあります。停泊

している場所はコペンハーゲンの港で、あんまり便利な場所ではありません。キッチンがあり、食事は基本的にメンバーが作ります。

メインエンジンは停止していて、電源は市内から引いています。港には毎月係留料金を払っていますが、「コペンハーゲンの家賃よりだいぶ安い」とのこと。インターネットが非常に遅く、弱かったのですが、アートが中心のスペースであればそこまで問題じゃないのかもしれません。

僕が訪れたのは八月、デンマークは八時半を過ぎてもまだ明るいです。逆にすべてが凍り付くであろう長い冬、ILLUTRONの人たちがどうやって過ごしているのかちょっと気になりました。

港に停泊中の廃船をハッカースペースにしたILLUTRON。外は海。メインエンジンはもう動かないが、船全体に油のにおいが漂い、少しですが波を感じる。

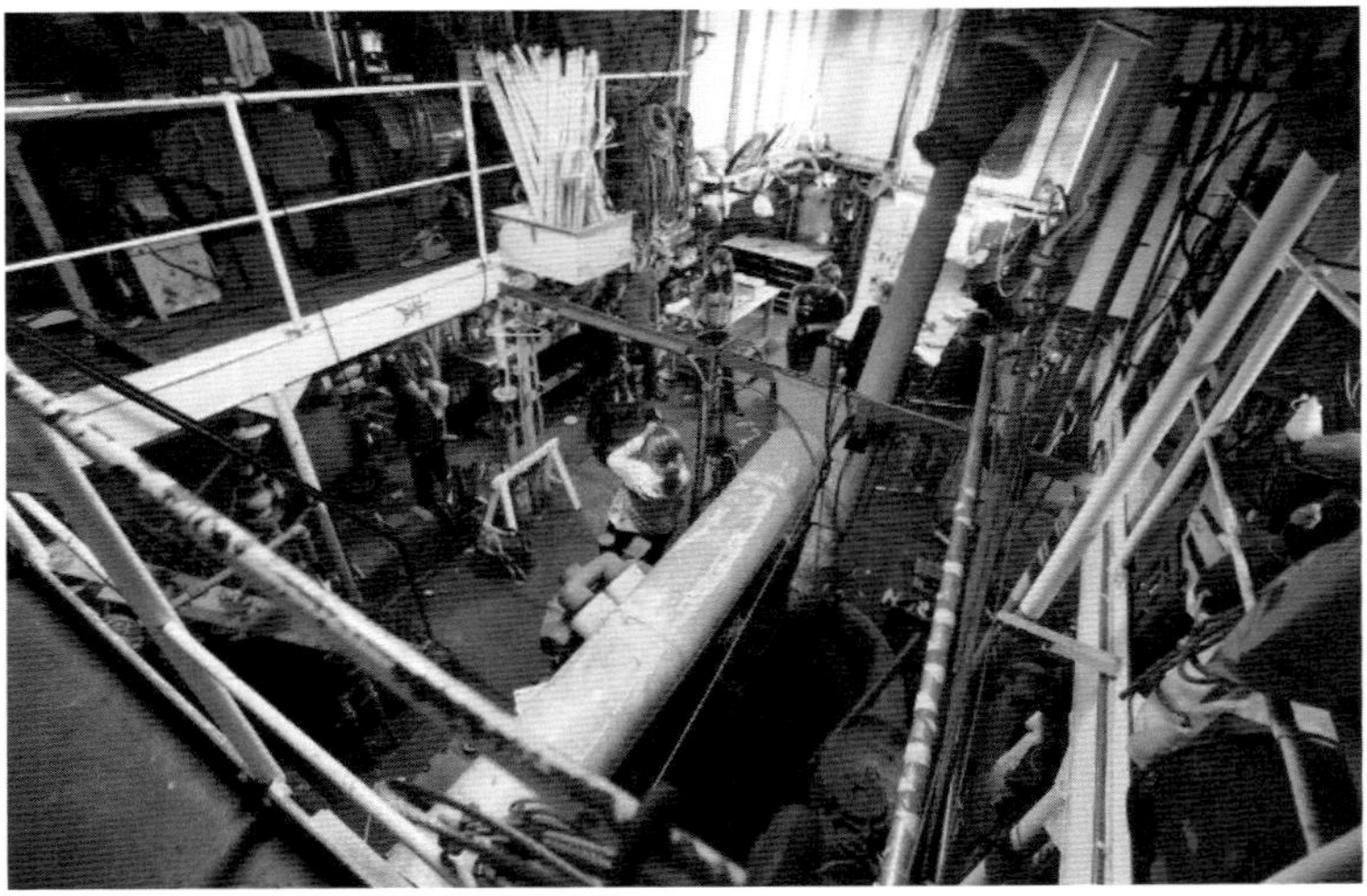

船内は工作スペースや工具が機能的に配置されている。

ILLUTRON は倉庫として使用していた大きな作業スペースを持っている。
メディアアート集団らしく、LED パネルを Arduino で制御する壁がいつも動いている。壁の前のスペースで DJ イベントを行うことも。

巨大な作品を運び出すためにはクレーンを使う。機関室は油のにおいが濃厚に漂う空間で、工作機械が多く据え付けられている。

▶ILLUTRON

- 住所：Refshalevej 167 C, 1432 København K, デンマーク
- 広さ：八〇〇平方メートル
- ハッカースペース・ウィキ：https://wiki.hackerspaces.org/Illutron.dk
- ウェブサイト：http://illutron.dk/
- プロジェクト紹介：http://video.illutron.dk/
- Facebookグループ：https://www.facebook.com/groups/illutron
- 会費：一五〇デンマーククローネ（約二七六〇円）
- 特徴：アート系、住人がいる
- 訪問難易度：★★（星三つが最も簡単）

基本いつも人がいる。ただし最寄りのバス停から二キロメートルぐらい、まわりは港ばかりでちょっと場所がわかりづらい。三十分ぐらい迷いそう。

コペンハーゲン自体は治安が良くて便利で行きやすい場所です。しかし、運河が多く交通機関が独特で、たいていの案内はデンマーク語なのと、パリやアムステルダムみたいな大都市に比べると外国人を想定していないので、二〜三日滞在していないと移動の勘がつかめないです。

第4章

アジアのハッカースペース

アジアのハッカースペース事情

アメリカ、ヨーロッパに比べるとアジアのハッカーシーンはまだ黎明期と言えます。いろいろな都市でハッカースペースが立ち上がり、増え続けています。シンガポールのように世界有数の豊かさを持つ国から、近代化が始まったばかりの国まで多様性があるアジア。テクノロジーへの愛や英語圏とのつながりというベースはありつつ、ハッカースペースも幅広い形が見られます。フリーランスエンジニアが欧米ほど盛んでない状況と、昨今のハードウェアスタートアップのブーム、メイカームーブメントの高まりにより、どちらかと言うとメイカースペースを称する場所が多いように感じます。

政府も市民もハッカーも　ハッカースペースシンガポール

アジアと言えばまず、僕が今住んでいるシンガポールのハッカースペースの話は欠かせません。シンガポールは一九六五年の建国以来、政府の強力な経済成長政策により、世界でも有数の成長を遂げました。わずか三三〇万人（シンガポールパスポート保持者。僕みたいな期限付きビザの外国人労働者や留学生などをすべて含めた人口は五五〇万人ほど）あまりの人口しかない小国ながら、外国人でもビジネスをしやすい明快な国家ルールと、クリーンな政治体制から、世界中の投資を迎え、世界でも有数の国民所得が高い国となる経済成長を遂げました。中国語／マレー語／タミル語のそれぞれの民族言語を保ちつつ、英語を公用語として推し進め、西欧社会からもコンタクトを取りやすい国と言えることから、欧米人も多く生活しています。

安全さとクリーンさ、便利さから多くの世界的企業が「アジア太平洋本社」をシンガポールに置いています。

また、資源のない国なので、テクノロジーに対しては一貫して関心が高く投資もしています。工業化を早い段階で成し遂げ、今は情報通信技術に対して多くの投資をしています。たとえば東南アジアのデータセンタービジネスでは、シンガポールは土地が狭くて労働コストも高いものの、海底バックボーンの多さと政治の安定性で他国を一歩も二歩もリードをしています。

投資の利益に税金がかからない税制や、建国当時からの起業家マインド育成、起業に対する手厚いサポートなどから、若い人が起業という選択肢をしやすい国でもあります。

シンガポールだと、両親が金持ちで、二十代／三十代でぶらぶらしてＰＣと戯れながらビジネスチャンスをうかがっている「おまいら」も多くいます。

ハッカースペースシンガポール（HackerspaceSG）は、そういう人たちにふさわしいハッカースペースです。

シンガポールのハッカースペースは物理的な場所でありつつ、シンガポールの独立エンジニアたちのコミュニティでもあります。多くのイベントがハッカースペース主催または会場として開かれ、ハッカースペースからイベントの運営補助をすることも頻繁です。

二〇一五年の三月十二日から十五日にかけて、シンガポールではFOSSASIAというアジア最大規模のオープンソースのカンファレンスが開かれ、ハッカースペースシンガポールは全面的に運営に関わりました。ハッカースペースシンガポールはＩＤＡ（情報通信政策を担当する省。日本だと総務省や経済産業省にあたる）やシンガポール国立大といった大組織と並んで、パートナーとしてクレジットされています。

こういうところに、「シンガポールのハッカー」らしさがよく表れているように思います。

政府も市民もハッカーも一体になったテクノロジーイベント

FOSSASIAはスマートシティ、スマート国家を掲げるシンガポールのもと、ユーザ会も企業も行政も一体になった、オープンなテクノロジーイベントです。

データベース、プログラム言語、ハードウェアなど、テクノロジー全般にわたり四日間続くカンファレンスです。RubyKaigiとかＬＬイベント、ＹＡＰＣなどのようなイベントが合同で開かれるようなものだと考えるといいかもしれません。

初日は大きいホールでカンファレンス、二日目からの三日間は小さい会場に分かれて数十人のワークショップが行われるのですが、初日のテーマだけでも、

- シンガポールのオープンテクノロジー（Red Hat）
- オープンソースハードウェアによるラップトップ（Bunnie Huang）
- Linuxのディストリビューションはどこから来てどこへ向かうのか（Red Hat）
- フリーソフトの力：どうやって一五〇〇〇のクライアントをウィンドウズからLinuxにリプレースしたか（CronusConsult）

- MariaDB（MariaDB）
- Firefox OS（Mozilla）

など、コミュニティのものから企業セッションまで、多岐にわたります。

シンガポールらしいと言えるのは、「Smart Nation」というセクションで、ヴィヴィアン・バラクリシュナン外務大臣兼スマートネイション推進担当大臣が、天気／バスの運行情報／GIS情報などの政府系／大企業系データを積極的にAPI開示し、「スマート国家」を作ろうとしている取り組みをプレゼンし、エンジニアたちとディスカッションしたことです。ヴィヴィアン大臣は今も現役でPythonやJavaScriptを書いているなど、テクノロジー好きとしてシンガポールのハッカーたちに知られています。

大臣は、「シンガポールって政府の統制が厳しいことで知られているし、〝オープン〟から遠い国なのでは？」という欧米人ハッカーからの質問に、「僕らはそれ以上に、お金儲けが大好きな国として知られていると思うが、僕も首相もオープンソースやデータの開放がすごく経済に役立つことを知っている」と、ギークの大臣らしい返しをして喝采を浴びていました。

FOSSASIA の参加者。
大規模なイベントですが、参加者の多くはラップトップの天板をステッカーで埋め尽くし、「MongoDB」とか「PyCon」など、テクノロジー系の T シャツを着たハッカーたち。

僕の隣に座った欧米人の女性は、初日のカンファレンス中ずっと、17 インチぐらいあるデカいラップトップにデンマークのゲーミングデバイスブランド SteelSereies シリーズのメカニカルキーボード（廉価版でも 1 万円以上する）をのせて、Sublime Text でコーディングしていました。

イベント全体は大きいセッションばかりでなく、二日目からは二十〜三十人ぐらいの小部屋に分かれてのグループセッションやワークショップが行われ、アットホームな雰囲気です。ハードウェア寄りの内容もあれば、一日まるまるみっちりPython関係のセッションだけの部屋もあります。

久々に「技術系イベントに出たなあ」と感じた楽しい四日間でした。

ハッカースペースを利用する個人事業主

ハッカースペースシンガポールのメイン利用者は、個人で会社を経営している個人事業者です。シンガポールの独立エンジニアは派遣会社に入るのではなく、起業して個人事業主となり、コンサルタントとしてシステム開発を行っていることが多く、案件も個人単位で受注します。ハッカースペースは、なによりそういう独立したエンジニアのための事務所であり、打ち合わせスペースでもあるシェアオフィスとして機能していて、会員のために、ランクをいくつか分けたメンバーシップブプログラムを用意しています。

五一二シンガポールドル（一ドル八十七円として約四五〇〇〇円）のスポンサープランは専用の机が持て、デスクトップPCなどを机に置きっ放しにできます。半額のレジデントプランも九十％ぐらいの稼働率でどこかの空きデスクが持て、ロッカーに私物を置いておけます。郵便物もハッカースペースに届けられ、オフィスとして利用できるので、オフィス賃料の高い（不動産は全体的に東京より高い）シンガポールではありがたい場所です。

また、独立したエンジニアだと、技術トレンドを追いかけるのがネット頼みになってしまい、生の声が入ってこなくなりがちですが、ハッカースペースではイベントも多く開かれています。カレンダーのページを見ると、PyCon（Pythonカンファレンス）Meetupや、WordPress Meetupなど、ハッカースペースが主催しているミートアップが月に十回以上、利用者がハッカースペースを会場として開くイベントを入れると、週に二、三回の頻度でイベントが開かれます。カレンダーのページには、シンガポール国内や近場のインドネシア／マレーシアなどを会場にしているイベントも掲載されているので、ここを仕事場にしているだけで技術情報の収集や人脈作りができます。

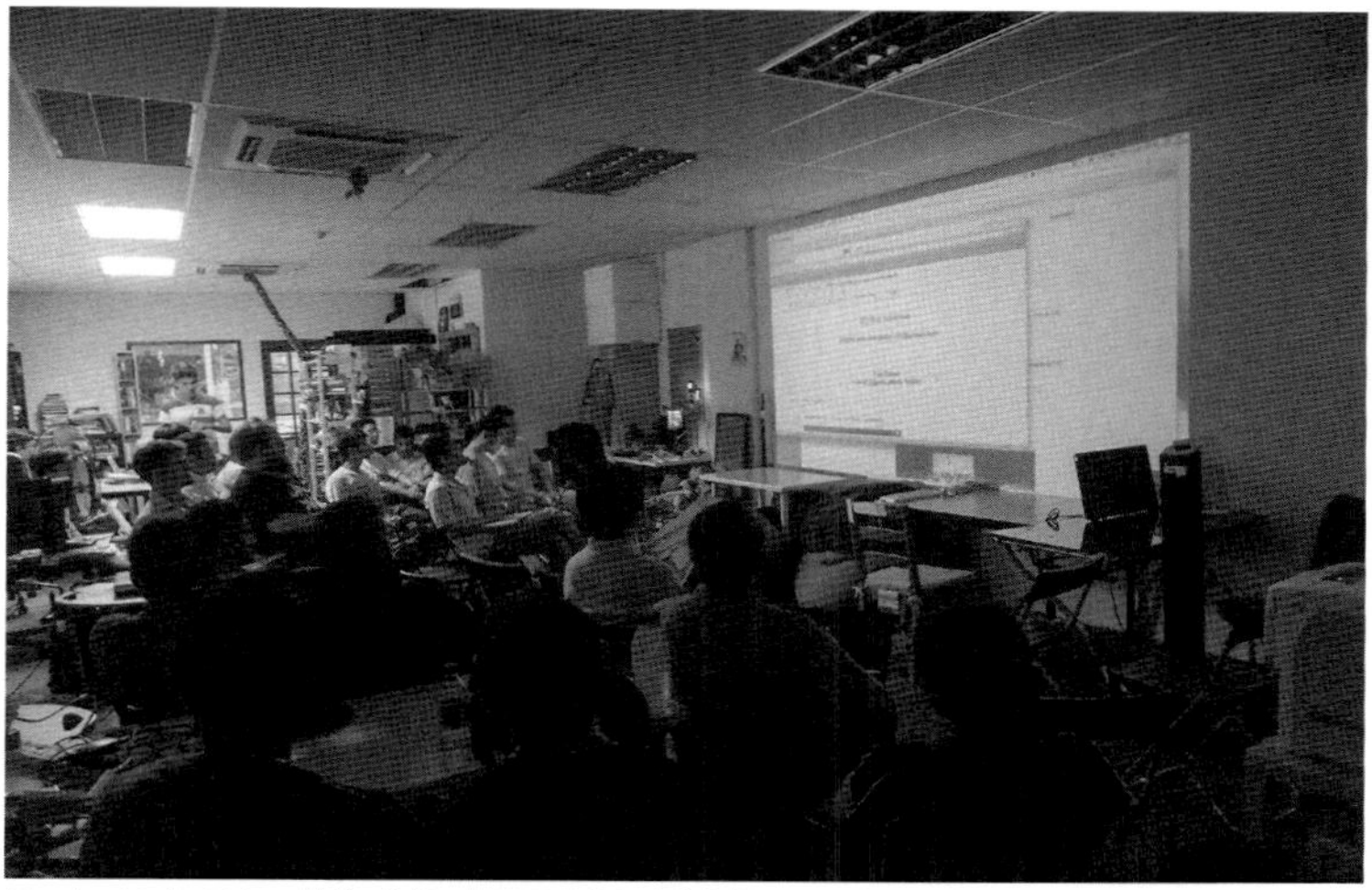

ハッカースペースシンガポールは、写真のように全体を使ってイベントが開かれることもあるほか、共用の打ち合わせスペースとしても利用可能。
奥のガラス戸の向こうは、固定机制のオフィススペースで、固定の机が置かれ、いつでも作業できる。

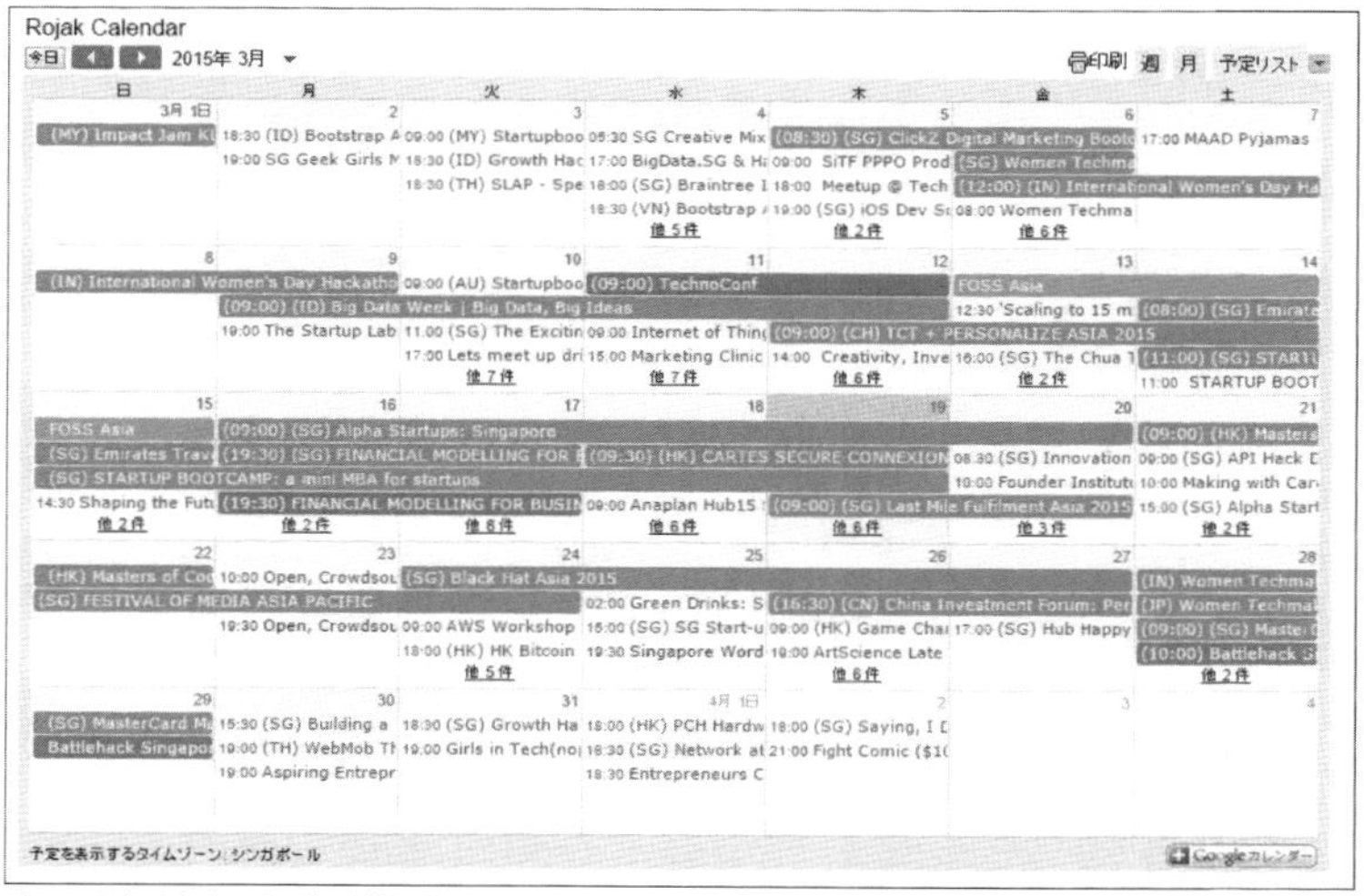

チェックしきれないほどの情報が並ぶハッカースペースシンガポールのカレンダー

ハッカースペースは「おまいら」の場所だ

ハッカースペースシンガポールの魅力は、オフィスとしての利用や新技術のフォローもありますが、なによりそこに集まるハッカーたち、「おまいら」だと思っています。

キッチンを備え、パーティーやミートアップなどがしょっちゅう開かれます。

また、いつ行ってもだいたいは人がいて、黙々とコーディングしたりネットゲームしたり、大量に置いてあるクッションで寝ていたりする部室のような様子は、僕のような人たちにとって非常に居心地のいいものです。

僕もついつい、人恋しくなったり、新しいガジェットを自慢したくなったときに、ハッカースペースに足が向かいます。

また、近所に住んでる人が多いのか、かなり深夜まで人がいるし、泊まり込む人が結構多いのもありがたいところです。

たいてい、金曜と土曜の夜はプロジェクターでアニメを見ています。僕はあんまりアニメを見ないのでよくわからないのですが、見ていたのはほとんど日本製でした。覚えているのは「伝説の勇者の伝説」「ノーゲーム・ノーライフ」「セーラームーン」「ログ・ホライズン」などなど。僕がタイトルを知らないものが多かったのですが、アニメはほぼ日本語で、床にクッションを置いて寝っ転がって、英語字幕で見ています。住民がいるわけではないですが、ちょっと日本でテクノロジー好きが集まるシェアハウスであるギークハウスにも似た雰囲気を感じます。

どうもここにいるといつも、他の場所にいるより時間が早く経ってしまう気がします。テクノロジーへの愛と、男の子的なだらしなさに溢れた部室のようなこの雰囲気は、世界のハッカースペースに共通するものなのかもしれません。

僕が知っている限り、いちばん行きやすい・溜まりやすい「海外のハッカースペース」だと思うので、イベントに参加してそのまま泊まり込むぐらいのつもりで遊びに行くといいと思います。

キッチン。この日は、各コミュニティのまとめ役が集まる日で、ハッカースペース内でピザパーティーが行われた。ピザはシンガポール PHP ユーザコミュニティのオーガナイザ Michael Cheng から提供。

ハッカースペースシンガポールの夜。頻繁に開かれるアニメ鑑賞会。

▼ハッカースペースシンガポール

- 住所：344B King George's Avenue, Singapore 208576, シンガポール
- ハッカースペース・ウィキ：http://hackerspaces.org/wiki/Hackerspace.sg
- ウェブサイト：http://hackerspace.sg/
- プロジェクト紹介：http://hackerspacesg.pbworks.com/w/page/13758491/FrontPage
- 広さ：一一一平方メートル
- メンバー数：五十名
- Facebookグループ：https://fb.me/HackerspaceSG
- 会員料：五一二シンガポールドル（レジデント、ほかに学生など、複数のメンバー制あり）
- 訪問難易度：★★★（星三つが最も簡単）

かなりわかりやすい場所にあります、人もフレンドリーで、いつもだいたい人がいます。僕はアポなしでよく行きますが、留守だったことはほとんどありません。

日本語をしゃべれるのは僕だけなので、僕宛にコンタクトしてもらうと話しやすいと思います。

新たに燃え上がるタイのメイカームーブメント バンコクとチェンマイ

タイは東南アジアの中でも独自のカルチャーのある国です。マレーシアとシンガポール、ベトナムとカンボジアのように似た文化圏で国境が分かれた国のある中、タイは数百年以上も独立した文化圏でした。

そのせいか欧米発のメイカーシーンにタイの人たちが参加してくる様子はあまり見ませんでしたが、二〇一五年ぐらいからタイで急速にメイカームーブメントが盛り上がりつつあります。バンコクには一年で五つぐらいのハッカースペースが新しくオープンし、メイカービジネスを支援するインキュベーターや投資家も現れつつあります。北部の古都チェンマイも、二〇一五年からチェンマイメイカーパーティーというイベントを開催しています。

アメリカ西海岸とバンコクをつなぐHOME OF MAKER

シリコンバレーで成功したタイ人の実業家シャノンが運営しているHOME OF MAKERは、シリコンバレー流のビジネスをバンコクに伝えるスペースです。

バンコク生まれのシャノン・スラバディはアメリカに留学して電子工学の博士を取り、そのままシリコンバレーでグラビテック（Gravitech）[†1]という電子回路の設計・販売の会社を起業したタイ人の社長です。二〇一五年にシリコンバレーの法人のタイ支社として、グラビテック・タイランドを創立しました。アルドゥイーノやXBeeといったメイカー向け基盤を開発・製造・販売する、スパークファンやスイッチサイエンスのような業務を行っています。メイカースペースであるHOME OF MAKERは、そのグラビテックが運営しています。

「アメリカではある程度成功したし、ずっとバンコクに戻ってきてビジネスをしたかった。メイカームーブメントは複雑な技術の集積によるものというより、新しいアイデアでの勝負だから、今ならタイでも可能性があるし、自分が可能性を広げていきたいと思ってバンコクでビジネスを始めたんだ。これからはシリコンバレー半分、タイ半分ぐらいのビジネスをやっていきたいと思っている。

もちろんアメリカ法人のビジネスも順調だから、ここで作ったプロトタイプを、アメリカでの法人が必要なKickstarterに出すのも簡単だし、ほかにもシリコンバレー的なビジネスのやり方を教えていくことはできる。もちろん、テクノロジー面でのサポートもね」と語るシャノンはエネルギーに満ちあふれていました。

HOME OF MAKERは、だらだらと滞在できるようなスペースというより、機材を借りて作業をしたり、シャノンその他に相談するミーティングを開いたりするような場所です。シャノンはアメリカでのビジネスの知見を活かして、タイ人の発明家が生んだアイデアをアメリカのクラウドファンディングKickstarterに出すときに手助けしたりします。バンコクからシリコンバレーに向けて開かれた門のようなものと言えるでしょう。

バンコクの電気ビルに入居しているHOME OF MAKER

ベイエリアのオフィスのように開放的なHOME OF MAKER。社長のシャノンは、Gravitechの創業者としてアメリカの経済誌にも取り上げられました。

▼HOME OF MAKER

- 住所：5 Fortune Town Bldg, Rachadaphisek Rd, Dindaeng, Bangkok 10400, タイ
- ハッカースペース・ウィキ：なし
- ウェブサイト：http://www.homeofmaker.com/
- 製品一覧：https://gravitechthai.com/
- Facebook：https://www.facebook.com/HomeOfMaker
- 会費：タイ語しか情報なし
- 訪問難易度：★★★（星三つが最も簡単）

ハッカースペースというより電気屋ですが、Fortune Townという有名な電気街ビルの中にあり、営業中はいつでも訪れて大丈夫。

深圳で火がついたムーブメントがアジアに飛び火している　NE8T

HOME OF MAKERがサンフランシスコからバンコクにやってきたものなら、同じ二〇一五年に立ち上がったもう一つのメイカースペースNE8T（8をSと見立ててNEST、ネストと発音する）は、中国の深圳からもたらされたものです。

ハードウェアのスクール／インキュベーターを経営しているチャクリッドは、「メイカーフェア深圳二〇一四を見たときに、このようなことが僕らでもできるんじゃないかと思った。ムーブメントが、世界の人たちを巻き込んで大きくなっていることがわかったし、これまでやったことがない人が引き込まれているのがわかった。これまでにない人が入ってきてるということは、自分たちでもできるかもしれない、ということだ」と語ります。NE8TのSを8と記載するのは、深圳とサンフランシスコをベースに活動するハードウェアインキュベーター、HAXLR8Rへのオマージュです。

バンコクではまだメイカームーブメントは小さく、企業の相談や3Dプリンタなどの技術を教える教室のニーズがあります。NE8Tはカフェとスクール、レンタルスペースを中心に事業をしていて、まだハッカーやメイカーという世界に触れていない人に最初のきっかけを提供するスペースです。

カフェとレンタルスペース、スクールが組み合わさったNE8T

▼NE8T

- 住所：94/1 Asia Building, 1st Floor, Phayathai Road, Thanon Phetchaburi, Ratchathewi, Bangkok 10400, タイ
- ハッカースペース・ウィキ：なし
- Facebookページ：https://www.facebook.com/ne8t.org/
- 会費：タイ語しか情報なし
- 訪問難易度：★★★（星三つが最も簡単）

こちらもカフェとして営業しているため、訪れるのは非常に簡単です。

ノマドワーカーの街チェンマイのメイカースペース

二〇一五年の三月、チェンマイメイカーパーティーというイベントが開かれました。日本人にも人気の高いタイ北部の古都チェンマイで行われ、チェンマイのメイカースペースであるチェンマイメイカークラブが主催しています。僕の所属するシンガポール・メイカーズというグループにも、イベントに協力しているチェンマイ工科大学から招待され、シンガポールのメイカーたちと一緒にチェンマイに向かうことになりました。

チェンマイは世界のノマドワーカーが集まる場所です。いくつも欧米人向けのコワーキングスペースがあり、ノマドワーカーを支えています。アメリカ発のプレゼンイベントTEDxのチェンマイ版が開かれるなど、非常に西洋的な文化圏が作られています。ニューヨークやサンフランシスコでフリーのデザイナーやエンジニアをして生活するためには、家賃を考えると月に五〇〇〇ドル以上を稼ぐ必要がありますが、プール付きのコンドミニアムでも月三〇〇ドル程度のチェンマイなら、アメリカの半分以下の仕事量でもより豊かな生活が送れます。そういうノマドワーカーはフリーランスとしての仕事からリタイアしたわけではないのでスキルのアップデートを続ける必要があり、街には勉強会など、最先端の情報があります。

国際都市チェンマイで開かれたTEDxChiangMai。タイ人と欧米人が半々のトークは、ほぼすべて英語で行われた。

チェンマイの夕暮れ。ヨガを楽しむ欧米人たち。

チェンマイの欧米人ノマドたちを支えるメイカースペース・タイランド

アメリカ・カリフォルニア州出身のナジがノマドワーカー向けに経営するチェンマイのメイカースペース、メイカースペース・タイランド（MakerSpace Thailand）は、利用者の大半が欧米人です。二階建ての開放的なスペースに、ミーティングルーム・休憩のためのソファー、レーザーカッターや旋盤、3Dプリンタなどを備えた工作室に、完全個室のスカイプルームや欧米並みのおいしいコーヒーが飲めるカフェまで備えたメイカースペースが、一か月二五〇〇バーツ（八〇〇〇円ほど）でいつでも使えます。

利用者の大半がウェブデザイナーなどのソフトウェアエンジニアですが、昨今の流行でプロダクトやハードウェアデザインにも興味を示したときに対応できるようにするのと、工作機械のシェアを目的にタイ人のメイカーも会員になるようにするために工作室を併設しました。

営業時間のあるコワーキングスペースで、二十四時間ハッカーが溜まっているわけではありませんが、サイズはこの本に取り上げたスペースの中で一番大きいかもしれませんし、居心地も最高クラスによさそうです。

ワーキングデスクも、休憩スペースも充実しているMakerSpace Thailand。訪れたのが休日夜だったので人がいないが、昼間はクリエイティブなノマドワーカーたちが働いている。

MakerSpace Thailandのカフェ。エスプレッソもアメリカーノも、タイだとうれしいアイスコーヒーも飲むことができる。

▼メイカースペース・タイランド

- 住所：7 Rachadamnoen Road Soi 4, Muang, 50200, タイ
- ハッカースペース・ウィキ：なし
- Facebookページ：https://www.facebook.com/makerspaceth/
- 会費：プロメイカー 月額二五〇〇バーツ　ほかパートタイムや週末利用などのプランあり
- 営業時間：十時〜十八時
- 訪問難易度：★★★（星三つが最も簡単）

大きい看板がある路面店で、多くの人を呼ぶために作ってあるので訪問は簡単です。

■チェンマイメイカーパーティーを主催　チェンマイメイカークラブ

チェンマイメイカークラブを主催するジミーはタイ人のエンジニアでありソフトウェア企業の経営者で、チェンマイでソフトウェア会社をやっています。ハードウェアについてもビジネスを始めるため、自分の会社をメイカースペースとして作り直し、チェンマイメイカークラブをオープンし、メイカーパーティーというイベントを行っています。

チェンマイメイカークラブは彼の経営するソフトウェア会社の四階建ての自社ビル内に位置し、集会場・作業場にコワーキングスペースを備えた大規模なメイカースペースです。イベント前日に行われたパーティーでは三十％ぐらいが外国人で、タイ人含めてもほぼ全員英語での会話が行われていました。

チェンマイメイカーパーティーはそこに欧米からの出展者のほか、首都バンコクなどタイ各地から訪れた出展者が加わり、合計三十ブースほどに、二日間フルのプレゼンテーション、そしてロボットコンテストが合わさった、大規模なメイカーイベントになっていました。

出展物は３Ｄプリンティング、ロボット、電子回路、ソフトウェアと多彩です。日本のイベントに比べるともちろん小規模ですが、非常に洗練されて、よくオーガナイズされたイベントでした。

---

†1 http://www.gravitech.us/

チェンマイメイカーパーティー。野外にメイカーのブースが並ぶ。
プーケットやバンコク含め、タイ全土から出展者が集まっていた。シンガポール等、他の東南アジアからも。

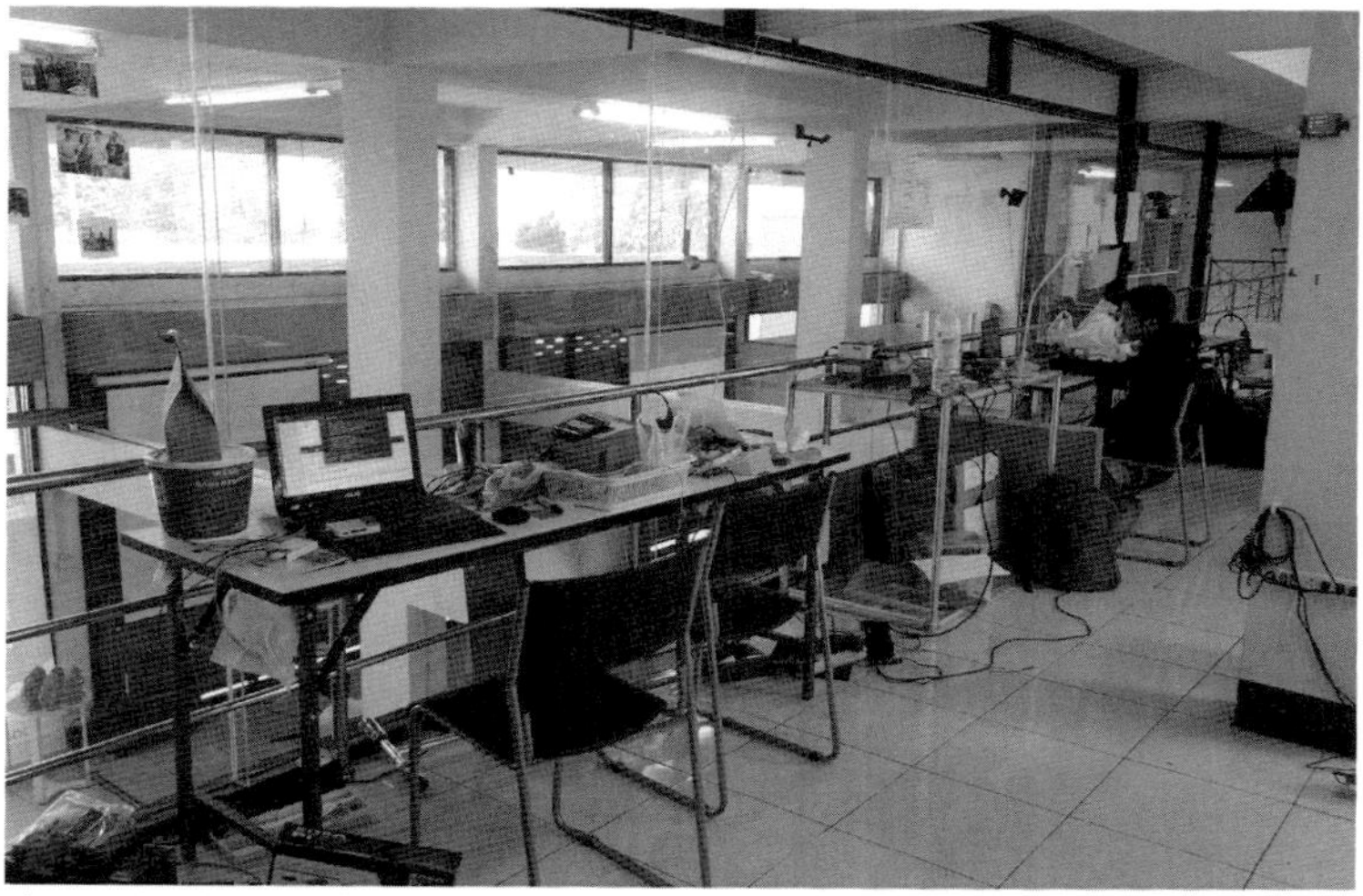

チェンマイメイカークラブ。４階建てのビルのうち、２階が作業スペースになっている。

▼チェンマイメイカークラブ

- 住所：81/21-25 ถนนอารักษ์ พระสิงห์ เมือง Chiang Mai 50200, タイ
- ハッカースペース・ウィキ：なし
- ウェブサイト：http://cmmakerclub.com/
- Facebookページ：https://www.facebook.com/ChiangMaiMakerClub/
- 会費：タイ語しか記載なし
- 訪問難易度：★★★（星三つが最も簡単）

ビル一棟なので訪問は非常に簡単です。情報はほぼタイ語ですが、グーグルマップに場所は表示されます。

台北の製造業がアツい　ファブラボ台北、ファブラボ台南

台湾のものづくり政策とファブラボ台南

台湾は一時、ASUS、GIGABYTEなど、パソコン製造メーカーの中心地だったこともあり、製造業にこだわりのある国です。ここ数年のメイカームーブメントで、国全体としてDIYのメイカーたちに大きなサポートをしています。台湾の人口は二三〇〇万人ほど、韓国の半分以下、日本の四分の一にも満たない国ですが、一年で四回もメイカーフェアが開かれています。

台湾のメイカースペース、ファブラボ台北と台南を訪ねました。ファブラボもハッカースペース・メイカースペースの一種です。MIT教授のニール・ガーシェンフェルドがファブラボという仕組みを提案し、今もMITのビット・アンド・アトムズ・センターが一覧の管理や育成などを行っています。自然発生的に始まって定義があいまいなハッカースペースに比べると、もう少し輪郭のはっきりした組織で、年に一度世界ファブラボ会議が行われ、リンク集も認可ベースで整備されています。大学発というしっかりしたバックグラウンドがあり、公益的な性質が高いせいか、政府の支援を受けやすい傾向があるようです。大学内で立ち上げたり、公的機関と連携したりすることも多いように思います。

二〇一四年にオバマ大統領が全米の中学校にファブラボ的な施設を作ると表明し、STEM教育（Science, Technology, Engineering, Mathematics の四分野に注力する教育）を推進するというアナウンスをしてから、ほかの国でもこうした場所への支援をする動きが高まってきました。

近年アジアでもいろんな国でファブラボが生まれ、二〇一四年からアジアのファブラボだけで集まる会議も年に一回開かれています。二〇一五年は台北の中心部にある、かつての空軍司令部の跡地にて開かれ、それに先だって台南でプレイベントが開かれました。一週間近い会期のなかには台湾の毛首相も訪れました。ファブラボ台北・台南は、そのイベントの運営において中心的な役割を担いました。

FAN（ファブラボアジア会議）には、台湾のものづくりに期待する毛首相（当時）も支援に訪れた。

台南での国際会議では、台湾デジタルカルチャー協会の馮氏（ファブラボ台南の運営メンバーでもある）が台湾でのファブラボについて語った。

台湾南部の台南市が主催するプレイベントでは、学生たちを中心にしたチームが三日間で何かしらモノを作るワークショップと、一日の国際会議が行われました。僕はワークショップの運営と国際会議のスピーカーとして参加しました。

台南は特に、工業の台北に対して、手作業で工芸品やアートを作ることに対しての関心が高い場所です。

街は公園が多く美しく、台南の人たちも、第二次世界大戦前に日本が建てた建造物をそのまま保存している古都であることを誇らしげに話します。

国際会議では市長自ら、メイカームーブメントについて熱く「台南市をメイカーが多く住む場所、アーティストが海外からやってきて、住み着くような街にしたい」と熱く語っていました。

実際に手芸アートのようなものは台湾全体で熱量が高く、ＤＩＹ手芸や陶芸のマーケットプレイス・Pinkoiというサービスは大人気です。

ファブラボ台南は組織名で、具体的な場所をさす言葉ではありません。台南市内にはいくつかのハッカースペースがありますが、なかでもPunPlaceというハッカースペースにファブラボ台南のオフィスが置かれ、集会場などもあり、中心地になっています。

PunPlaceには３Ｄプリンタ・レーザーカッター・プレゼンルーム・シェアオフィス・共用の書棚など、ハードウェア系のハッカーたちが必要なものはひととおり揃っています。泊まり込む人はいないのですが、日中いつもオープンしているメイカースペースです。ワークショップやプレゼンイベントも頻繁に行われていて、台南のさまざまなメイカーイベントの情報ハブにもなっているので、台南を訪れたらぜひ訪問して、イベントに参加してみるといいでしょう。

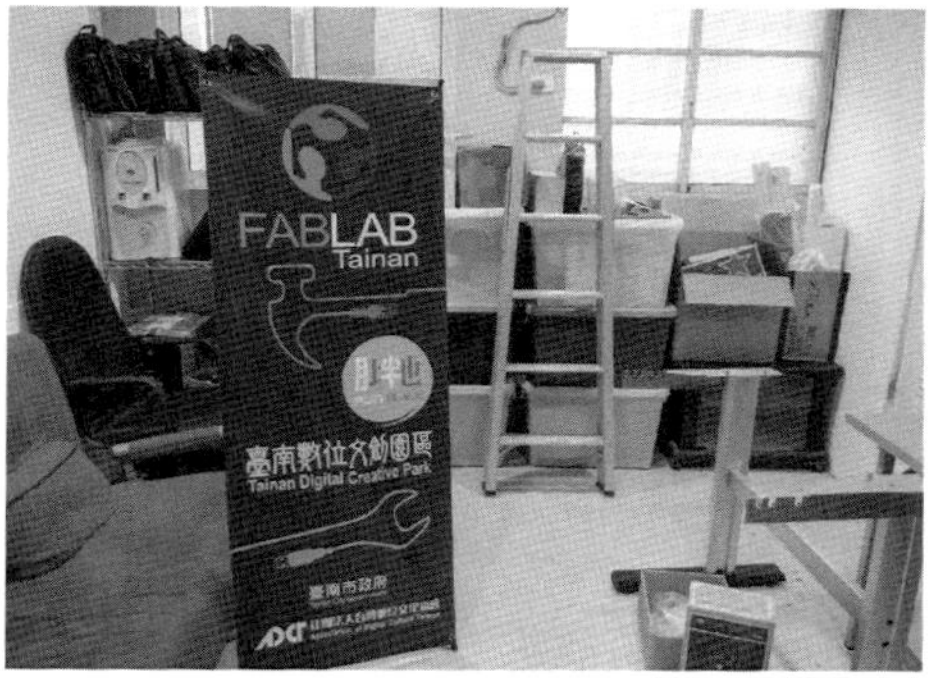

PunPlace。3 階建てのビルの中に工作機械や材料がためられている。

ミーティングスペースで行われたワークショップ。紙はアイデアで埋まる。

▼胖地PunPlace

- 住所：No. 21, Nanmen Rd, West Central District, Tainan City, 台湾
- ハッカースペース・ウィキ：なし
- ウェブサイト：http://www.punplace.tw/
- プロジェクト紹介：http://www.punplace.tw/eventlist
- Facebookページ：https://www.facebook.com/PunPlace/
- 会費：無料
- 営業時間：九時半～十八時
- 訪問難易度：★★★（星三つが最も簡単）

Facebookページからコンタクトがとれます。または、イベントリストからイベントを発見して訪れるのがオススメ。

土日は休みです。台湾の休日も確認してから行きましょう。

台北のものづくり中心地 ファブラボ台北

ファブラボ台北は台北の中心地にあるメイカースペースです。地上と地下の二フロアで、広めの地下スペースに工作機械類を備えています（その後、二〇一六年に移転しリニューアルオープン。ここでの写真は二〇一四、五年に訪問したときのものです）。

台南の成功大学で建築を学んだテッドが起業。台湾のクラウドファンディングプラットフォーム、フライングVに出すプロジェクトを企画するなど、起業家としての活動とハッカースペースの運営をうまく軌道に乗せています。

ファブラボ台北は、さまざまな世代のメイカーたちをつなぐ役割を果たしています。伝統工芸や鉄工所などの技術を持つ年配層、別に自分のアトリエを持つアーティスト、そして若い人たちなど、さまざまな世代の人たちがファブラボ台北を利用しています。

ファブラボ台北は二〇一六年に、古いスタジアムをリニューアルしたＣＩＴ（台北創新中心）という場所に移転し、より駅に近く、アクセスしやすくなりました。ＣＩＴは自治体が整備したスペースで、クリエイティブを促進する集団を集めてシナジーを生むために、デザイン会社などさまざまな企業とオフィスをシェアしています。

台湾はいま国全体でメイカームーブメントを盛り上げているのを感じます。

ミーティングスペース。メイカーフェアの期間直後だったこともあり、ひっきりなしにゲストが訪れていた。

ファブラボ台北の工作スペース。
地下なので工作機械からの音や粉じんに対してある程度融通がきく。

中国の人形劇を作る職人さんが、ファブラボ台北でレーザーカッターや 3D プリンタと出会ったことによりできたステージ。

台北の中心部に、日本の町工場が 1980 年頃から進出している一角がある。
鉄工・板金などの技術を習得した人たちが引退し、台湾人の第二世代が後を継いでいる。

▼ファブラボ台北

- 住所：Zhongshan District, Taipei City, 台湾（台北市中山區玉門街1號台北創新中心A室）
- ハッカースペース・ウィキ：なし
- ウェブサイト：http://www.FABLABtaipei.org/
- Facebookページ：https://www.facebook.com/FablabTaipei
- 会費：無料
- 訪問難易度：★★★（星三つが最も簡単）

公式サイトのContuct usからアポイントメント依頼ができます。
http://www.FABLABtaipei.org/22914203092521421040251052049738928320042144335264.html

第5章

中国のハッカースペース

ハッカースペースは発明をサポートする

欧米ではメイカースペースとハッカースペースの間、メイカーとハッカーの違いはかなりあいまいで、ハードウェアハッカーと言うとメイカーとほぼ同義語なのですが、中国語での黒客（ハッカー）と創客（メイカー）の差はかなり大きく、創客はハードウェアで起業を目指す人という意味で捉える人が多いようです。メイカーの育成については中国政府が大きく支援しています。

二〇一五年の一月に、中国の李克強首相が深圳最初のメイカースペース、柴火創客空間（Chaihuo Maker Spaceはチャイフォーと発音する。焚き火という意味で、メイカーたちの心を燃やすことを目的にしている）を訪れ、会員証にサインしたことは中国全土を巻き込むビッグニュースとなり、中国のメイカームーブメントに一気に火がつきました。

今、中国のテレビ番組や大都市の看板を見ると、いたるところにメイカー、スタートアップ、アントレプレナーという文字（それぞれ創客・創業・発業などの中国語ですが）が見られ、前述のミッチ・アルトマンも僕も何度か中国のイベントに招待されています。

膨大な人口と、他の発展途上国に比べて整ったインフラがある中国は、改革開放政策により外資の受け入れが始まった一九八〇年代から急速な発展が始まりました。外からもたらされる仕事を受けるだけで圧倒的な成長を遂げ、ついにはオリンピックを開催するまでになりましたが、二〇一〇年代になって、先進国の入り口に立つと、高度成長は終わりを告げつつあります。

外資の下請けだけを頼りにするのではなく、中国が自分たちのビジネスを始め、世界に対して売り込んでいかなければならない時代が訪れつつあり、中国政府は大々的に起業を後押ししていて、世界の工場として強みがあるハードウェア分野はより期待されています。

李克強首相が訪れてからわずか二年、深圳には二〇〇を超えるメイカースペースがあります。

メイカーの魂を燃やし続ける柴火創客空間

深圳のメイカースペースを語るときに、柴火創客空間（Chaihuo Maker Space）を外しては語れません。柴火創客空間はメイカーを支援する深圳の企業であるSeeedが設立しました。Seeedは二〇〇八年に創業、オンラインで電子基板（ＰＣＢ）のデータを受け取り、最小単位十ドルほどから製造して発送するサービスを展開し、世界のメイカーたちの活動をサポートしています。オープンソースハードウェアのみを製造受託し、今はメイカーたちのアイデアをプロデュースしてキット化することや、販売をサポートすることなどにビジネスを広げています。二〇一六年時点で三〇〇名を超える急成長中のSeeedですが、創業者のエリック・パンは自分たちをこう語ります。「起業したばかりの頃もメイカー的なプロジェクトをやっていた。太陽光を集めて料理をするといった、利益とはつながらないものだ。でも、メイカーたちをサポートするビジネスをしている間に、多くの魅力的なメイカーたちが深圳にやってきて、サポートするビジネスはどんどん大きくなった。今は政府も深圳はメイカーの街と言い出すほどで、深圳のメイカーフェアもすごく大きくなった。でも、僕たちは今も同じように笑っている。」

Seeedは今も第一章、ニューヨークの章で触れたオープンソースハードウェアサミット他、オープンソースハードウェア関連の多くのイベントに協賛し、深圳のメイカーフェアを主催するなど、オープンソースハードウェアを発展させることを自らのビジネスコアにしています。

柴火創客空間はSeeedが、深圳でのメイカー活動を発展させるために設立したメイカースペースで、非営利団体としてメイカーの集まりをサポートしています。深圳中心部のデザイン性豊かな場所に位置し、若い人たちが自分でデザインした服を売るようなショップに囲まれています。デザイン性豊かな場所でハッカースペースを運営することは意味があり、深圳で創業した多くのスタートアップが柴火創客空間でのプレゼンイベントで新しい女性社員の採用に成功しています。

柴火創客空間ではDEF CON（セキュリティについてのハッカーの集まり）のミートアップが毎月開かれるなど、ソフトウェア、ハードウェアを問わず、メイカーたちの自発的な活動をサポートしています。

李克強首相が訪れ、名誉会員証にサインしたことで、柴火創客空間は中国のメイカースペースの一つのモデルとなりました。中国各地から視察団がひっきりなしに訪れ、スペースとしての運営は難しくなり、近くにこっそり別の場所を借りて常駐組はそちらで作業をしたりしています。企業であるSeeedと違いＮＰＯに近いような形で運営されている柴火創客空間は、メイカーフェア深圳の運営主体でもあります。他の自治体、四川省の成都からもメイカーフェアの運営を委託されるなど、「メイカーとは何か」というモデルの一つになりつつあります。

Seeedや柴火創客空間が支えているメイカーの姿は、自分が作りたいものを自分で決め（プロデュース）、仲間を集め（プロモーション）、プロトタイピングしていくものです。柴火創客空間には大規模なプロトタイプ設備はありませんが、いつも世界中のメイカーで満ちています。

柴火創客空間（Chaihuo MakerSpace）は華僑城（OCT LOFT）という、サンヨーの旧工場をリノベーションしてアートスペースにしたエリアの中にある。まわりには工夫を凝らしたgalleryやカフェ、オリジナルの服飾ショップや雑貨店などが並ぶ。

中国メイカー運動のモデルになった柴火創客空間には多くの見学者が詰めかける。中央で説明している女性はマネージャーのViolet Su。中国のメイカー運動を牽引している。

Seeedがサポートした、世界のメイカーのプロジェクトが並ぶ。日本の石渡昇太氏（機楽株式会社）が開発したオープンソースのロボットRapiroの姿も見られる。Seeedは Rapiroの販売に協力している。

▼柴火創客空間／Chaihuo Maker Space

- 住所：Room 227, Building A5, North Area, OCT-LOFT, Nanshan District. Shenzhen 518055, 中国
- ハッカースペース・ウィキ：https://wiki.hackerspaces.org/Chaihuo
- ウェブサイト：http://www.chaihuo.org/
- Facebookページ：https://www.facebook.com/Chaihuo-Maker-Space-590552864314519/
- 訪問難易度：★★★（星三つが最も簡単）

中国なのでグーグルマップの精度が悪いのですが、それを割り引いてもかなりパブリックで訪問しやすいスペースです。

起業を強力に後押しする深圳のメイカースペースSEG+

中国政府の後押しにより、深圳にはここ二年で二〇〇ものメイカースペースができました。ほぼすべて起業とその後のスケールアップを後押しするためのものです。秋葉原の三十倍と言われる世界最大の電気街、華強北の中心に位置する賽格電子集団が運営するSEG+ Maker Centreはその一つの典型です。Shenzhen Electronics Groupの頭文字SEGを取った賽格電子集団（SEGに中国語の音を当てて賽格と称しています）が運営するSEG+ Maker Centreは、華強北のシンボル的な存在である賽格電子市場ビルの十二階に位置しています。下階はすべて電子部品ショップで埋まっていて、世界中の電子部品が同じビルの中で揃います。

SEG+はシェアオフィスとしての機能を中心にしていて、深圳の市政府に対して入居希望者が自分たちのプロジェクトをプレゼンし、認められるとオフィスを借りられ、開発資金のサポートも受けられます。SEG+には多くの投資家が出入りして資金調達を助け、SEG+が運営するショールームでプロモーションや販売のサポートも受けられます。駆け出し起業家が失敗しがちな量産設計や認証などについても、多くの専門家をメンターとして抱えて起業家を対象にした塾や大学のようなところと言えるでしょう。

柴火創客空間に見られるようなＤＩＹの雰囲気はそこには薄く、どちらかと言うと大学の研究室のような雰囲気が漂っています。

「深圳には二〇〇メイカースペースがあると言うけど、僕は深圳のメイカーを二〇〇人も知らないけどなあ（笑）」と、Seeedのエリック・パンは政府や投資家の過熱ぶりを笑います。加熱の一方でこのエリックのような人もいる限り、深圳のメイカーシーンはしばらく僕らに驚きをもたらしてくれると思います。

政府のサポートが厚いメイカースペースらしく、SEG+の壁には認定証が並ぶ。

広いスペースの多くはコワーキングオフィス。ロボットやガジェットの部品が並び、みな手を動かしながらプロジェクトを進めていく。

▼賽格創客中心

- 住所：深圳市中心福田区华强北，赛格广场11、12、13层
- 百度百科ページ：http://baike.baidu.com/item/赛格创客中心（短縮URL：http://bit.ly/2nMGZof）
- 訪問難易度：★（星三つが最も簡単）

ビルは深圳の電気街で最も有名な建物なのですが、アポイントがないと入れず、英語でコンタクトできる窓口もないため星一つとしました。

とある中国のハッカーSexyCyborg様インタビュー

中国政府によるネット検閲ＧＦＷがある中国の中でも、先ほど紹介したエリック・パンとSeeedのように世界のハッカーたちを後押しする会社があり、僕らと同じような価値観をもっているのは、ミッチ・アルトマンが冒頭で言った、「ハッカーという民族」というのを象徴するような出来事だと思います。いる国やそこの言語、政治体制よりも「ハッカーであること」のほうが共通性が高いのです。

もう一人中国のメイカーとして、深圳のSexyCyborg様（僕は彼女に関してのみ、敬意をこめて様を付けて表記しています）を紹介します。二〇一六年末に深圳を訪問したときにいくつかお勧めの場所やハッカースペースを案内してもらおうと、日本のオープンソース活動の伝道者でもある翻訳家の山形浩生氏とともにインタビューしたのですが、スペースよりもインタビューそのものが強烈でした。

彼女は二十三歳の女性で中国に生まれ育ったデザイナーで、この本のほかのメイカースペースに集うハッカーたちとは違うバックグラウンドを持ちながら、僕を含めた多くの人たちが中国や若者に対して持っていたステレオタイプをぶち壊すような話を聞かせてくれました。

SexyCyborg様インタビュー（というか独演会）記録　山形 浩生

- 二〇一六年十二月二十日　十四時～十六時三十分
- Holly's Coffee @ 深圳 新世界購買中心
- 聞き手：高須正和、山形浩生
- 初出：http://cruel.hatenablog.com/entry/2016/12/24/152545

はじめに

SexyCyborg様を知らぬ者は幸いである。えー、彼女は中国のエレクトロニクス／ホビイスト系メイカー界隈では知らぬ者のない存在で、チョイエロ的な工作が十八番。おかげでメイカー系とは関係ないフォロワーのほうが多かったりするけど、アイデアも設計も3Dプリントもコーディングも全部自分でこなす実力者。ぼくも今回インタビューすることになるまでは、単なる色ものねーちゃんだと思っていたので、前日軽く調べ始めて目を白黒して居住まいを正しました。お見それしました。簡単な紹介は次の動画参照。

▼SexyCyborgについて

■ SexyCyborg feature on China Daily：https://www.youtube.com/watch?v=RUF-sP9Ce94

作品とかはこのimgurに上がっているのがいちばん多い。さらに彼女のすごいのは、筋金入りのオープンソース&フリーソフト支持者だってことで、作品はすべて回路もデザインもフリーで公開。当人も、ほとんどの技能はオンラインのフリーなリソースで身につけたとのこと。すげー。

ＦＡＱはこちら：SexyCyborg FAQ - Pastebin.com　http://pastebin.com/V3474kYs

インタビュー本体

高須「猫耳」正和がメイカーフェア深圳かどこかで会って、たまたまぼくが深圳にでかけていたときに、インタビューするから一緒にこないか、とお誘いを受けた。事前にちょっと高須氏が質問を送ったところ、さくっと質問への回答がきていた。で、それを受けて、高須氏が「ありがとう！　明日はメイキングとシェアリングについて話がしたいと思う」と返事をした。そして当日、あいさつとちょっとした世間話の後にインタビューを開始しようとしたところ……

SexyCyborg 様を挟んでスリーショット。

日本オヤジ二人　……じゃあ始めましょうか。えー……。

SexyCyborg　（前置きなしでいきなり）そうそう、メイキングとシェアリングの話ね！　それってすごく重要で、でもこの世界の一部、メイカーメディアのデールとかもうクソで、ジェンダー差別せずインクルーシブなMake文化とか言ってるじゃない？　でもそれって口だけで、あたしの格好がどうしたとかで、まったく扱ってくれないってとにかくろくでもないわよ、でもって女性メイカーとかいって、なんか編み物してるおばちゃんまで記事にしてるくせに、こっちはそんなレベルじゃなくて自分で3Dプリントしてコードも書いて、そういう本物を全然見せないで、女性メイカーの地位を高めたいとか言ってるけどふざけんじゃないわよ、それでなんだかメッセージがきて「誤解だ」とか言うんだけど、でもあたしがセックスワーカーみたいな格好してるから載せられない、とか言うんだけど、あたしだっていつも露出してるわけじゃないし、そうでないふつうの格好でMakeしてるのもいっぱいあるじゃない、それでもとにかく載せないとか、セックスワーカーみたいな格好してるときもあるからよくないとかなんとか、もうホント頭にくるわよダブルスタンダードもいいとこよ、インクルーシブで多様性とかいいつつ関連雑誌の表紙に女性が出たことないでしょう、ほんと最悪で教育用市場狙いだからおまえみたいなのは出せないって何なのよあれは。

（注：聞き手二人、いきなりのことで、話がどっちへむかっとるんじゃ、と呆然アワアワしてます）

基本Makeってのは最高の自己表現だと思っててあたしは高いバッグとか靴とか全然買わなくて、あんなの出来合いだしなにもオリジナルなものってないじゃない、でも自分でいろいろ作ることで、自分のオリジナリティってものがちゃんと出せてほかのどんな人とも違うってことよね、だからあたしは自分の作ったものの商品化とか興味なくてむしろそれを見てみんな独自の作って！と思って何でも公開してて、AdafruitのLimor Friedはもうずっと応援してくれててあたしのヒーローなのよね、もうツイートとか全部リツイートしてくれるし、そっちからもアプローチしたらしいけど全然どうしようもなくて、結局この世界の一つとかも白人の男ばっかでその価値観だけで、あたしの格好がセックスワーカーとか言うんだって、それは西側での話であってこっちでは別にそんな意味合いないんだけどそういう文化的な差も全然考えないで自分たちの価値観だけでなんでも話をしてて、まったくどうしようもないでしょう。あたしはもっとアジアの、それも女性をどんどん広めて活躍させたいと思ってんのよ、だから本業でRuby on Railsを選んだのも、Rubyは唯一アジア人の作った言語じゃない？　もうそれがすごいって思って選んだんだけど（注：SexyCyborg様はウェブデザイナーが本業です）。こないだきた、ギャル電（電子工作にギャルカルチャーを持ち込むユニット。「ドン・キホーテでアルドゥイーノが扱われる未来」が目標）とか結構女性でも活動できるのはいいわよねー。

（注：このあたりで山形はメモ取りをあきらめましたです。）

アジアではあたしもふつうに広まってるんだけど、でもそれでだんだんいろんな話もくるんだけど、一部のＩＴの会社とかが「うちの秘書にならないか」とかで、女性秘書ってここらでは、昼も夜も（wink wink）お仕事みたいなニュアンスがあって、そんなもんやるかっ！　ちゃんとMake活動をもっと広めないとと思って、で３Ｄプリンタ会社がうちの使えとか言うんだけど、これもステマみたいなやつだからいやだー、必ず写真撮るときはそのプリンタのロゴが入るようにしろとか、あれはすんなとかこれはダメとかうるせーんだよ、それと作品の権利もよこせとか、ちゃんと公開してシェアするのが大事なのよ。そこらへん、すぐにとにかくお金にしようとかで、ここらへんもちょっと思いつきがあれば、クソみたいなのでもすぐ起業とかいってお金集めだけするのが、もう勘弁してって感じだし、深圳は好きなんだけどそういうのも結構あってあたしにコンタクトしてくるのも、変なステマみたいなのだらけで上海とか北京の会社のほうがまだましで、うちで使ってる3Dプリンタの片方とかもそれでもらって結構いいんだけど、でもこれもステマにならないように写真の角度とか考えてあまり目立たないようにしてて、でも結構効くは効くみたいなのよね。

（注：一時激しい頭痛とめまいに襲われてましたが、このあたりでなんとか復活）

質問とかでも「3Dプリンタは何使ってるんですか？」とか言われるんだけど、どれでも同じだ！ そんなの何も違わない！ そんなこと気にしてないでとにかく作れ！ それをシェアしろ！ あたしはもうビデオも作るし図面もデータも全部公開してるけどかなりの連中はシェアリングとか全然考えないで、無料でもらえたらありがとーだけど、何も返そうとしないのが増えちゃって、しかもそれを商売にしようとするあたしの偽物とか出てきて信じらんないわよ、昔とかあたし数学だめだから宿題見せてーっていうと見せてもらえたじゃない、で代わりにあたしが英語の宿題写させてあげて、そうやってシェアすることで発展するのが理想なんだけど、そういうのわかんなくて、Makeネタにしたリアリティ番組みたいなのやろうとしたりして、おまえも出ろって声がかかってたのに、そこんとこがイマイチわかってないみたいで断ったんだけど、どっかから変な女の子たちつれてきてくだらないことやらせて人気投票させたりとかしてクラウドファンディングする、みたいなのにして、それが最近になって得票を操作してたとかいうのがバレて、どこを勝たせるか決まってて七十パーセントくらい票を盛ってたので、ファンディングした人たちからすごい文句でそういうほうにいっちゃうのがダメなのよ、地元でちゃんと共有してMakeするのを盛り上げてくってのをやらないと。

（注：ノンストップ三十分！　これでも実際の話の半分に満たないと思う。口をはさむ余裕ほぼなし！）

日本オヤジ二人　（圧倒されて呆然……）作品の一つのキャプションで、Seeedとコミュニティエンゲージメントの考え方が違うと書いてたけど、今のはそれとも関係した話？

SexyCyborg　SeeedやChaihuoも最初の頃何回かいったけどその後もいろんなイベントに全然呼んでくれないしなんかあそこにいる女があたしのことずいぶん悪く言ってるとかで、あそこは今いっしょうけんめい教育市場とかを見てるようでそれであたしみたいなのがいるとイメージが悪くなるとかなんとかそんな話じゃないかと思うんだけどまあ別にあたしは自分で好きなMakeを続けられればいいんだけれど、でもこうやって実際にモノを作っている女の子がいるというのはすごい重要なことだと思うのよ。教育市場とか言ったって実際にそういう活動やってる人がいるってことのほうがアピールできるはずなのよね、それをちゃんと採り上げずに自分の思い込みに合わせてこっちにあーしろこーしろってうるさい！　それやってるとまわりから、将来のことをもっと考えた方がいいよとかいう話で、おまえももう二十三歳だしこんなことといつまでも続けられないから、これを商業化して収入につなげるようなこと考えろとか、うちの会社で秘書やれとか、でもあたしはちゃんと本業もあるし、これはこれでお金にしなくてもやってけるから、「いずれおまえも結婚して子供作らないと」とか言われるけど、あたしは当分そんな予定ないし、Makeは究極のオリジナリティの表現のはずでそういうのに合わせる必要もないと思ってるけど、さっきのリアリティ番組のプロデューサーは何度も何度もコンタクトしてきて、いい人なんだけど向こうの勝手な鋳型に合わせようとするから「えー、いやですー」って断り続けてたら「このオレの申し出をこんなにしつこく断り続けたやつは一人もいない!」とか怒りだしちゃって、知るかって感じ、だいたいそういう申し出してるのはあんただけじゃねーんだよへヘッ、テレビのプロデューサーとかだと、ふつうはタレント志望の子とかが必死で取り入って出してもらおうとするからなんだろうしふつうはそのために後付けでMakeやったりするんだろうけど、あたしはべつに国の起業家育成以外のでもちゃんとアピールがいると思ってるんだけど。

日本オヤジ二人 ……あ、そういえば昨日こんな本もらったけど……(注:深圳ロボット協会みたいなのの総会でくれた。深圳の外国帰りの起業家紹介みたいな本)

SexyCyborg これは知らないけど。でもちょっと外国に行って帰ってきたら、すぐに誰かたきつけて「ちょっと目立つことやれよ、クラウドファンディングとか、そしたら国からお金引き出して補助金もらって起業して金儲けして」とかで、しかもかけ声だおれになっちゃって全然中身あるものが出てこなくてさあ、あたしはこんな外国で勉強したりしてないけど中国が好きだしその発展のためにはどうすればいいかを真剣に考えていて、いろんなことができるというのを示すことが重要なんだと思ってるからあたしみたいなのがいていろいろ成果をシェアし合うことで発展していくことを考えるべきだと思ってるわけ。

日本オヤジ二人　……えーと、ビデオとか見てると、部屋とか3Dプリンタが二台あってワークベンチも部品棚もあって、どこで寝食してるのかと……。

SexyCyborg　そうそう、もうずいぶん狭くなっちゃって、あの部屋があって、ベッドルームがあってダイニングがあって、あとテレビの部屋だけどテレビはもう最近プロジェクターでやっちゃうんで、それから居間ね、そこはとにかくもうタオバオ（中国のインターネット通販サイト）とかで買いまくってるので、すっげー物置状態ですごいことになってて人に見せられないんだけど、でも手狭ではあるわよねー、昔は二〇〇平方メートルの家にいたんだけど今のところはもう一二五平方メートルしかなくて（注：「しか」！！！！）、しかもマンションの上のほうであの部品用の台車がきたときにはもう大変で、重くて運べないし、しかも運送会社が「上までは運ばない、建物入り口まで」と言うんで「えー、あたし女の子だから無理、この腕見て」と言ったんだけどダメーって言われたので、そこで組み立ててとにかく車輪だけ付けてって言って、あとはゴロゴロ自分で押してきたんだけど3Dプリンタのでかいやつとかも運び込みにはえらく苦労したんだけどとにかく頑張って設置して、やっぱやりたいことがあるとそういうのも何とかなるもんよ。居間とか片付ければ深圳にくるハッカーメイカーのためのAirbnbみたいなのできるかなーとか思ってるんだけどそれはそれで面倒そうだし、でも考えてみてもいいかもね。

日本オヤジ二人　Rubyとかできてもそこから3Dってハードル高いでしょ、どうやって……。

SexyCyborg　それはもうコミュニティのおかげよ、今はネットでもなんでもあるし、Tinkercadとかも使えてとにかくその気になればなんでも勉強できるし、困ったらここは深圳じゃない？　そこらにエンジニアがうようよしてるからなんでも聞けるしオンラインもあるし、失敗何度もしながら一歩ずつ進むしかないわよ、当たり前だけどいきなり成功するわけないんだし自力でいろいろやるしかないのよ、それはコードも同じで、本業のほうでもホントいろいろ苦労はしててＥＣサイトとかの構築でもお客さんはあんまり知らないから、最近は新規のよりは既存のお客のサイトメンテや機能拡張なんだけど、データ分析すればここは緑にしたほうがいいってはっきり出てるのに、自分の考えでお客さんが「赤にしろ」とか言ってきてるのを一歩ずつ……。

日本オヤジ二人　……え、そういうデータ解析までやるの？

SexyCyborg　……やらないと仕事にならないじゃない！　それをもとにずっと説得してて一歩ずつ作ってくしその中で勉強するんだけどMakeだって同じことで、でもそれをどんどん公開してくのが重要で、そうやって共有してちゃんとクレジットしつつ発展するから、あそうだ、こういうの作って（……と次のを出してくる）。

これ作ったらみんな「わーすごい、オリジナリティある～」みたいに言ってくれたんだけどこれって中国の昔からのハンコ押さえなのよね、そういうとこにイノベーションのヒントがあってそれをどう作ってくかにMakeの醍醐味があると思うからそれをやってかないといけないし可能性あるでしょう。だからあたしはオープンソースとかシェアがすっごく大事だと思ってて、何でも公開してシェアしようとするんだけど。

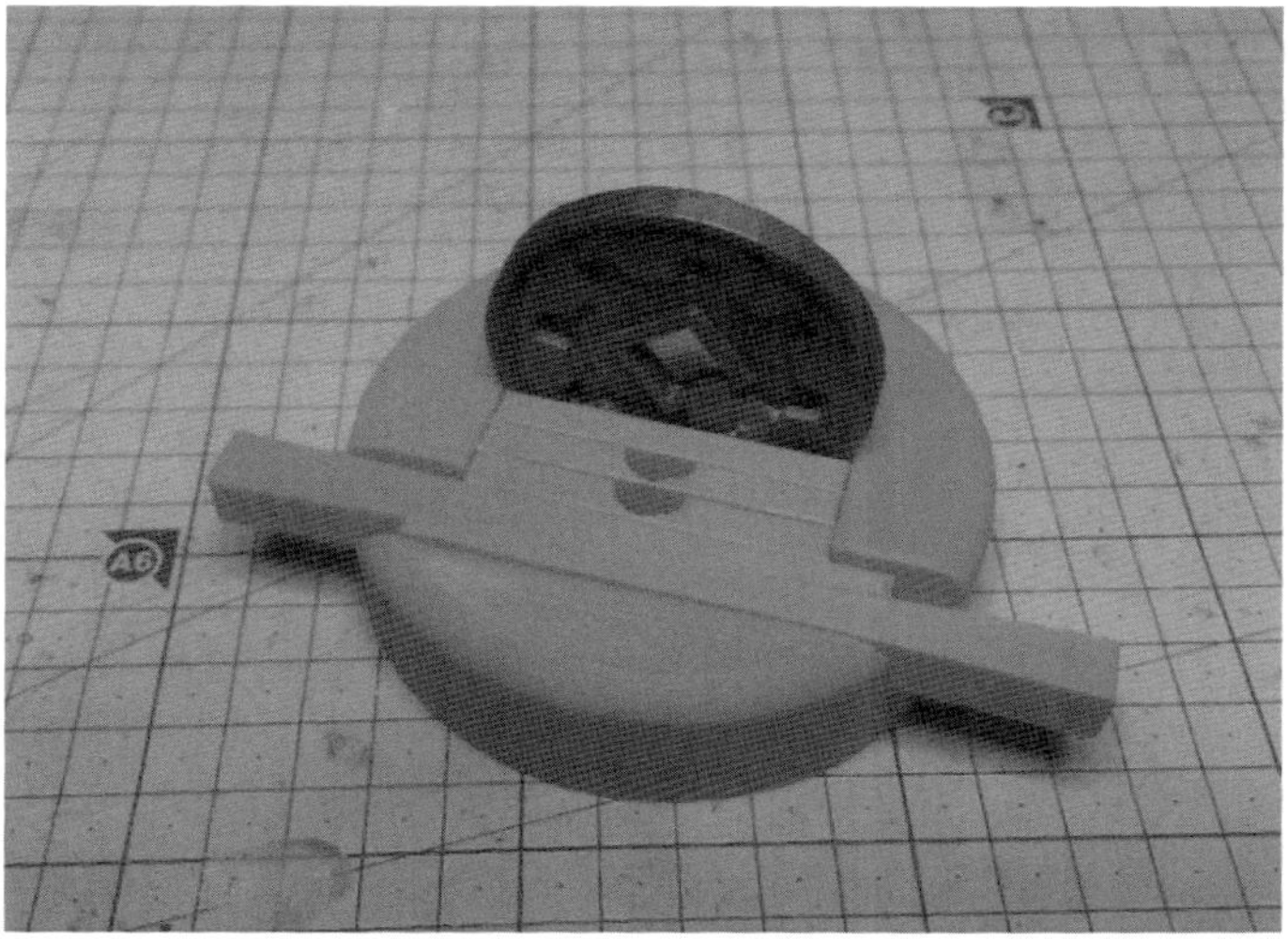

中国のハンコ押さえに着想を得たという作品。

液晶シャッタービキニ。

日本オヤジ二人　脇道にそれるけど、豊胸はそれって重くない？　胸が大きいと背筋に負担がきついって聞くけど……。

SexyCyborg　えー、これはシリコンインプラント八〇〇ミリリットルだけど、あたしの背丈くらいだと別にこのくらいは大して問題じゃないし一〇〇〇ミリリットルくらい平気で入れてる人もいるから。背中に悪影響があったりするのは変な業者とかが即席でやったりする場合で全然問題ないわよ、あたしは全部で一週間くらいかけて入れて、まずこの脇んとこ切って、なんか血みたいなどろどろしたのいっぱい出して、それが安定するまで三日で、それからシリコンだんだん入れていって、ゆっくりやって無理しなければちゃんと安定するから大丈夫よ。最近ほら、Make界隈でもRFIDチップ入れたとかでサイボーグだ～、とか騒いでるのいるじゃん？　もうあたしからすれば、そんなちっこいもの入れたくらいで何がサイボーグだよ、へへーん笑わせんなって感じ。

日本オヤジ二人　メイカーフェア深圳で液晶シャッタービキニ作って、それで踊ってたよね。その胸でそこそこ重量ありそうな液晶ビキニをつけて、しかも踊ってたけどよく落ちないね、どうやってあれは固定してるの？

SexyCyborg　いやあれはかなりきつくてベルクロできつく背中で止めてるんだけど、やっぱつらいわ、特にワイヤーが走ってるから、そこのところがすごくすべるの。ちょっと汗かくともう大変なくらい。それでもすぐ落ちそうになるからかなりつらくて、踊ってるビデオを撮るときだけなんとか固定されてるけど、あれはあの時間だけね。よくタンクトップとかの透明な肩紐あるじゃん、あれもやってみたんだけれど、あれもすべって落ちるし結構つらい。だから今のは一時的なソリューションなんだけど時間なかったし、仕方ないよね。

日本オヤジ二人　FAQで、豊胸したのは背を伸ばせないからで、中国では背の高い女の子が人気があって次が胸の大きい子だ、と書いていたけど、そうなの？　日本だとチビの可愛い系が人気で、背の高い子は威圧感があるって敬遠されるからモテなくて、みんな猫背になっちゃうんだけど……。

SexyCyborg　ああ、ガールフレンドにするなら中国もそうだけど、でもモデルとか女優とか秘書とか見せびらかす仕事の人は背が高いのがいちばん目立つから人気あるのよ。あたしはちっこいからいつもこうやって厚底の靴（つま先十五センチ、かかと二十五センチというところ）履いてるけど、これがセックスワーカーみたいだって言われてMakeとかで扱えないとか言うんだけど、こっちでは全然関係ないんだから、そういう文化ないんだから関係ないわよねー。でも靴底にいろんなものを仕込む靴を作ろうと思って、最初は3Dプリンタで作る気でいたらアメリカとかにはすでにあって、ストリッパーが小物入れるために引き出しのある靴を作ってて、輸出用のやつが中国でも手に入るからこっちのMakeにも役立ったのは面白かったけど。でもちゃんとMakeしてる女の子がいるぞというのを見せるには目立つのが重要だし、それで豊胸もしてるので、Redditとかで採り上げられてコメントしてくる連中の七割はまあ胸しか見てねーな、という感じではあるけどでもそれはそれで仕方ないし、そういうスタイルもありだし、中国というとこれまでのイメージはずっと従順でconformしてというので、それが次はコピーばっかりになったけど、そろそろ独自のスタイルとか違ったものを出してく必要があって、あたしはオリジナリティ作っていきたいしアジアで女性でメイカーでみたいなのをもっともっとやってくべきだと思ってるのよ。だからアメリカこないのかとかヨーロッパこないのかとか言われるけど、んー、別にそんな興味ないから、中国でできることいっぱいあるし、それを出してきたいんだよね。別にアメリカで勉強したりしてないし、それを特にありがたいとも思わないし。深圳もその意味ですごく面白いし、あなたたちみたいに外国人が深圳を紹介したがるってのはすごく面白くなってきてる。

日本オヤジ二人　昨日送った質問の答えで、深圳で好きなところとしてBaishizhouを挙げて、クラフトビールがいいと言ってたけど、地ビールみたいなやつ？

SexyCyborg　なんかそんな感じなのであんまり見所と言われてもアレなんだけどこないだドイツの知り合いがきててさ、Redditとか見てよくコメントとかくれるんでいい人なんだけどさ、たまま華強北にいたら、そいつがなんだかスーツにネクタイした連中をいっぱい引き連れてあちこち案内してるのよ、であちこちのハッカースペース見せてるって言うんだけど、ハッカースペースもいいとこ悪いとこさまざまで、かなり無内容な補助金目当てのやつとか多いし、ＨＡＸ（サンフランシスコに本拠地、深圳にラボを置くハードウェア起業の支援組織）見てああいう起業させて手軽に金儲けするもんだと思ってる連中もいてそんなとこ見せてどうすんのかねー、それでおまえも深圳のハッカーの見所をいろいろ案内してまわらないかとか言われたんだけど、あたしはツアコンじゃねーし！　そういうのやらんわ。だからちゃんといいメイカースペースもあるんだけど、なかなかつらい感じだし、どうなるのかわからないけど。

日本オヤジ二人　……えー、それでBaishizhouのビールは………。

SexyCyborg　ああそうそう、いくつかいい店があるのよ、自分たちでビール作ってて。AAAとかBBBとか、それと外人のやってる店とか、なんかオーナーが気が向いたときにしか開けないけど、それはそれで面白いじゃない？　やりたいようにやるっていう。あたしもやりたいことしかしないし。それもお金じゃなくて、別に高いバッグとか買わないしそんなもの買ってもどうしようもないし、実はみんなここで安く作ってるのよね、オリジナリティで自分の独自性をどう出すかがMakeの本当の意義だと思う。あたしの作ってるものなんて、別にまだまだ素人工作だけどそれを自分でやるってのが意味あることだし、それを商品化するとか、やってもいいけどあたしのやりたいこととは違うよね。

Disclaimer

I'm NOT making this up!　でも、メモがとても取れなかったのでこの記述はほぼすべて記憶からの再構成。一応、録音ファイルはあるがとても聞き直す気が起きない……そのため、細かいところでは違っている可能性あり。

あと、メールの返事の中での大事なポイントを最後に追加しておきます（メールの翻訳　高須正和）。

Q．好きな映画やマンガは何ですか？

ブレードランナー、攻殻機動隊、ほかサイバーパンクものはすごく好き。ほかに、最近Twitterで見つけた@sukabu89という日本人のイラストレーター／アーティストが大好き。

Q．深圳やその辺で、いくつかオススメの場所を教えてくれる？（もともと、高須が深圳の街ガイドみたいな取材をするつもりだった）

仕事もメイキングも家でやってて引きこもりみたいなものなので、あんまり出歩かないけど、もちろん電気街の華強北。それから私はあまり飲まないけど、白石州の素晴らしいクラフトビール、蛇口のウエスタンフード。福田にある大きな書店も。ソフトウェアの技術書や英書をもっと置いてくれると嬉しいけど。

Q．日本のハッカー、特に女性ハッカーに何かメッセージをください。

何より大事なのは、私たちがお互い助け合って、いいコミュニティを作ることね。何かをハックするにしても自分で作るにしても、私たちが他から学ぶことや、他から言われたこと、どう見えるかなんて気にすることはない。自分たちが見つけて「これ面白そう、やりたい！」と思ったこと、そして助けてくれたり応援してくれたりする人たちがすべて。その人たちに向かってこっちから応援し直したり、作ったもののソースをシェアしたりすることで、お互いが社会を作れるとよりいいわね。そうしていると、自分がやれることの中で、どんなものを作ると喜んでもらえるか、だんだんわかってくる。

私が発表してる作品は、ＳＮＳで「日本人が作った」と思われてることがよくあるの。日本人のイマジネーションとクリエイティビティは有名なので、そう間違われるのは光栄ね。もちろん、中国人もクリエイティブなので、私が中国にいながらクリエイティブであり続けるのは簡単よ。今、中国はクリエイティブなことを思い出してる段階かもしれないけど。日本の「クリエイティブ」って、技術的な意味まで含めて世界でいちばんすごいところを目指していると感じるわ。その中で何か作るなら、日本の女性ハッカーであるあなたも、素晴らしいスキルを持っていることになるでしょう。

あとがき

「会う」ことには
特別な意味がある

「会う」ことには特別な意味がある。

人気SF映画「攻殻機動隊」の、一九九五年に公開された最初の物語は、主人公：「頭脳以外の身体はほぼサイボーグの草薙素子」が、「ネットワークの中から生まれた人格を持った知性である人形使い」と融合する話だった。

ネットワークの一部である人形使いは、しばしばロボットの身体に乗り込んだり、他のサイボーグを乗っ取ったりして、草薙素子の目の前に現れる。サイバー空間でなくリアルに「会う」のだ。

このように、物理的に「会う」ことには特別な意味がある。これを読んでいるあなたの身体が、どの程度生身でどの程度機械かは僕にはわからないが、あなたには現在のどのロボットにも不可能な高度なコミュニケーションをする能力が備わっている。

なぜか僕たちは、ウマが合いそうかどうか、一緒に遊びに行ったりコーヒーを飲んだりしたいかどうかがわかる。何らかの知覚（センシング）と表現手段を統合的に扱い、そうした判断をし、相手に働きかけることができる。本に登場したSexyCyborgと、僕はオンライン上ではあまりうまく会話を続けられない。でも、会えば言語を超えてなんとかなる。サイバー空間でのコミュニケーションは、会った体験を増幅してくれる。一度会うと、そのあとのオンラインでのやりとりも豊かになる。画面からニュアンスがしみ出してくるようになる。

僕たちハッカーはコンピュータが好きで、コンピュータのできることを知っている。合理的なこと、処理しなければならないことはコンピュータのほうがもう人間より、だいたいの場面で上手にこなす。僕自身はコンピュータにスケジュールやToDoを管理してもらい、朝決まった時間に起こしてもらっている。「やりたいこと」をしているとき、僕はコンピュータを使う。「やらなければならないこと」はコンピュータが僕を管理してくれる。

ハッカースペースを訪れて何人かと話すときの、「一緒に遊んだり、コーヒー飲んだりしたいな」という判断は、さほど合理的ではない。そのときの自分の忙しさや疲労度、人恋しさなどでコロコロ変わる。一定の再現性はあるけど、ブレもかなりある。そういう判断は、意思決定できるけど理由は説明できない「勘」みたいなものだ。攻殻機動隊の主人公 草薙素子は、そういう説明できない判断を「自分のゴーストがささやく」と説明する。僕らにはそういう、非合理的・非言語的な判断をささやいてくれるゴーストがある。

インターネットの向こう側の知性が人間かコンピュータかは、そのうちわからなくなるだろう。でも、物理的に目の前でコミュニケーションしている相手が人間かどうかわからなくなるのはだいぶ遠い世界だ。会って、言語化できないぐらい高度な情報処理の上、仲良くなったりならなかったりするのは今のところ人間だけだ。

もちろん、誰とでも会えば楽しいわけじゃない。僕らには人格や興味が、僕らを僕らたらしめている好奇心がある。世界のハッカースペースには、興味を同じくするハッカーたちが僕らの訪問を待っている。実際に出会い交流することで、その後のお互いの人生は少し変わる。一度会った人間からのメールやチャットは、同じ文面でも情報量が増える。さらに何度も会えばさらに増える。

見も知らぬ外国のハッカーから、秋葉原を案内してくれと言われたら、受け入れるのは難しいだろう。でもそれが知り合いや知り合いの紹介だったら？　お互いの制作物を知っていて、さらにはプロジェクトに感想をくれた人だったら？

インターネットはそういう可能性を開いてくれた。国も言葉も超えてコードで人とつながることは、ありふれてはいないけど、夢ではなくなってきている。

インターネットが進歩するたび、僕が個別に連絡を取る人は国境を超えて増え続けている。おそらくこれを読んでいる君のアドレス帳なりフレンドリストなりも、インターネット以前よりはだいぶ増えて、減ることは考えられないだろう。そういうのが情報化社会なんだと思う。


攻殻機動隊のラストシーン、「ネットワークの中から生まれた人格を持った知性である人形使い」と融合し、人間でありながらネットワークの一部となったことで、より自由で独立した存在となった草薙素子は「どこに行こうかしら、ネットは広大だわ」と微笑む。

僕たちは、ネットでつながったハッカーたちに会うためにどこでも行ける。ハッカースペース・ウィキにはこの「あとがき」を書いている二〇一七年九月の時点で、二一八七ものスペースが掲載されている。新しい知性と会うたびに僕たちの世界は広がる。僕たちの世界は広大で、今も広がり変化し続けている。

解説

ハッカースペースの可能性

山形浩生

本書のハッカースペースは、基本的には物理的な場所だ。でもある意味で、その根底にある理念は必ずしも物理的な場所でなくてもいい。いろいろな人が集まり、情報交換をして、共同で作業をしたりプロジェクトを実現させたりする場所。それがハッカースペースの本質だ。

当然ながら、本書で言う「ハッカー」というのがウィルスを撒いたりパスワード破りをしたりして人に迷惑をかける連中のことではなくて、むしろ物事の仕組みを理解し、その理解に基づいて新しいものを作ることに熱意と興味を持つ人々のことだ、というのは、言うまでもないことだろう。ハッカーというと、一般にはコンピュータ分野を連想する人が多い。でも必ずしもそこに限定される必要はない。

さて、そうしたハッカースペースに類する活動は、これまでもたくさんあった。

かつては、その分野の雑誌の投書欄がそんな役割を担ったこともあっただろう。さらになんといっても、コンピュータのネットワーク、パソコン通信やＢＢＳなんかは、そうした情報交換と人々の交流を担ってきた。そしてインターネットが普及するとともに、そうした場は大きく広がった。各種フリーソフトの隆盛は、インターネットが持つハッカースペース的な面がとても有益な形で広がったものとも言える。

ただし、パソコン通信は常連がでかい顔でのさばる変な空間となっていったし、インターネットもかなりハードルが高くなってきた。かつてはまったくの初心者がHTMLベタ打ちでページを作り、見出し用のタグで本文の強調を平気でやらかし、それをまわりの人が注意する、みたいな助け合いはあったけれど、いまやみんな出来合いのブログに頼ったりするし、立派なページを作ろうとするとＣＳＳだのスクリプトだの勉強しなければならないことがあまりに多い。プログラミングだって、覚え立てのBASICで汚らしいソフトを書いて、それが面白がってもらえる状況じゃない。出発点に立つまでに本当にいろんな「お作法」の勉強が必要になり、素人が楽に手出しできる場所ではなくなってきた。もちろん、お勉強でそういうことはできる。でもかつてのネットの楽しさは、ウェブページを作る、というのが（どんなに汚らしいものでも）技術の最先端に近い活動なんだ、という自負にもあった。でも今は、たかがホームページを作っても最先端にはほど遠い。

素人が気軽に手を出せて、それなりに楽しいことができて、しかもそれが単におもちゃで終わらず、技術最先端にもつながる可能性を持てる分野――それを探していた人たちが流れ着いたのが、いわゆるメイカー運動だった。簡単なコントローラに単純なスクリプトを喰わせると、ちょっと気の利いた形でLEDが光ったり、モーターが動いて初音ミクの人形がネギを振ったりするし、それだけで「おおっ」と言ってもらえる。そしてそれが、IoTとかビジネス業界で話題の技術の最先端とも密着している！　さらに3Dプリンタなんかを使って、そうした思いつきをこれまでは企業しかできなかったような形で仕上げられる！

本書に登場するハッカースペースは、そうしたメイカー運動の盛り上がりと共に登場してきたと言える。片手間メイカーたちには手の届かない設備を揃えて、共同で使えるようにしてくれる場所として、それらは誕生してきた。そうした場所はファブラボとかメイカースペースとか呼ばれたりするけれど、それは基本的に本書に登場するハッカースペースと同じものだ。

もちろんそうした場所だって、他の例もたくさんある。日本では、特に各地にある工業試験場のようなところが、中小企業に対して今のハッカースペースと似たような役割を担ってきた。中小企業は、単独では買えない測定機器を工業試験場で借り、技術的な相談をもちかける。その中で、試験場の研究職員なんかがさまざまな企業同士の情報共有を担うようになる。そしてそこが中心となり、さまざまなマッチングを行うことで地元の産業水準の底上げを行う。趣旨ややっていることは、ハッカースペースと似ている。もちろん、ずっと真面目でビジネス寄りにはなるけれど。

またアメリカには、似たようなものとして趣味の工作室のようなものがあちこちにある。ディスカバリーチャンネルの名番組『怪しい伝説（MythBusters）』では、昔の都市伝説を再現しようとするとき、地元の趣味の鍛冶屋工作室とか、趣味の木工工作室とかにでかけて、そこの趣味の鍛冶屋や木こりたちに手伝ってもらうことが多かった。うらやましい。ただし、それが成立するためには、趣味の鍛冶屋などという人々が地元にそれなりに集積している必要があるし、その共通のニーズ（たぶん溶鉱炉とか）の費用負担の仕組みも必要になる。日本だと、公民館や博物館なんかで、アマチュア活動の場所提供やちょっとした指導提供はできる。でもそれだとちょっと弱い（それに、公民館のスペースとかは、暇な年寄りや大学サークルなどの文化活動ですぐに埋まってしまう）。

アマチュア活動がそれなりに集積していて、思いつきをしょっちゅうぶつけ合い、それを元にうまくいけば共同のプロジェクトもできて、しかもそれが多少なりとも技術の先端的なところに接しているような分野——ハッカースペースは、それを担うものとして存在している。そしてメイカー活動というのが、単にコンピュータや3Dプリンタにとどまらず、服飾やインテリア、料理、果てはバイオにまでも波及していることで、こうしたハッカースペースがとんでもなく懐の広い、なんでもありの空間になってきていることもわかる。

特に今、多くのハッカーはアニメやゲームを共通の知識として持っているし、コスプレが文化として受け入れられている。ネット、造形、服飾、そうしたものがほとんどのハッカースペースでは混在している。こういった野放図さが、今のハッカースペースの活気を生み出している面も大きいのだ。

もちろんそれが、起業とかビジネスとかのほうに振れている場合もあるし、もっとぐちゃぐちゃした趣味のサロンになっているところもある。それでも、とにかく何かを作ろうという意志さえあればそこに参加できるし、また他人が作っている変なものを見ることで、自分のメイカー意欲もどんどん高まる――そういうよい循環ができることで、本書に登場する各種のハッカースペースは活気あるすばらしくクリエイティブな空間になりおおせている。好奇心と、何でもいいから新しいものへの取り組みが人々をつないでいる空間、それがハッカースペースとなる。

一九九〇年代にフリーソフト／オープンソース運動で主導的な役割を果たしたエリック・レイモンドは「ハッカーになろう」という文書をオンラインでずっと公開している。これはソフトウェアのハッカーを念頭に置いた文書だ。そこに「他のハッカーに会うにはどうしたらいいか」というＦＡＱがあって、従来はもちろんネット上の掲示板やサイトが挙がっていた。でも最近の改訂で、最寄りのハッカースペースを訪問するのもよい、という一節が加わっている。ソフトだろうとハードだろうと、その根底は同じなのだ。

もちろん、こうした空間はどこでも栄枯盛衰を繰り返す。最初は多くの人が自由に出入りする活気ある空間だった場所が、やがてだんだん衰え、いつ行っても同じ常連ばかりがのさばって、昔話をしているだけ――そういう例はある。そうした人々が得体のしれないローカルルールを勝手に作って振りかざすようになり、新参者の活動を規制し、見下すようになると、だんだんその場は淀んで停滞してくる。

でもそこで、各地のハッカースペースを行き来することが重要になる。本書では「ハッカースペースのパスポート」というものが紹介されている。みんな、自分の常連のハッカースペースに閉じこもるだけでなく、他のハッカースペースを積極的に訪れることが当然だと思われている証拠だ。

そしてそれは、ハッカーたちが常に新しいものに好奇心をたぎらせているからだ。新しい取り組み、新しいヒント、新しいやり方――それは個別のモノ作りのプロジェクトにとどまるものじゃない。ハッカースペースそのもののあり方の可能性を理解するためにも、あちこちのぞくことが重要となってくる。本書を見れば、各地のハッカースペースの指向、活動、成り立ち、その他すべてが多種多様だというのはわかる。それを実際に見て実感するのが大切だ。

別にそのためには、筋金入りのメイカーである必要はない。このぼくは、アルドゥイーノをちょっといじった程度でメイカーの末席すら汚せない半端者だ。それでも、あちこちのハッカースペースを見るのは楽しい。「それ何?」「何やってんの?」そこらを見回して、それだけ言えれば話が始まる。それをネタに、「他でこんなことやってた」「あれも使えるかも」「そこのところ、どうやるの?」「こんな可能性もあるかも」——自分自身が好奇心を持って近づけば、相手も(多くの場合は)喜んで相手をしてくれるはずだ。ちなみにそこでは、言語ですらそんなに問題ではない。著者の高須氏の英語は別にすごくうまいわけではない。でも「それ、おもしれー!」という気持ちがあれば、コミュニケーションは決して難しくはない。

それが何の役に立つか? それはわからない。ときどき、こうしたハッカースペースが地元産業の振興にどれだけ貢献するか、なんて真顔で聞かれたりして、なんと答えるべきか戸惑ってしまうこともある。もちろん本書でも、起業とかビジネスとかを重視するハッカースペースもある。でも、決してそれが主眼ではない。新しいビジネスが生まれるかもしれない。地元の技能水準が上がるかもしれない。でも何かを、目先の利益なんか関係なしに「面白い!」と思う能力さえあれば、ハッカースペースは実に楽しい場所になり得る。そして本書は、そのまたとない(だって今のところ、本当にこれしかないんだもの)ガイドになるだろう。

著者プロフィール

高須 正和（タカス マサカズ）

ニコニコ学会β、ニコニコ技術部などで、無駄に元気に活動中。

メイカーフェア シンガポール、メイカーフェア 深圳、成都、西安（中国）などの実行委員。日本のDIYカルチャーを海外に伝える「ニコニコ技術部海外輸出プロジェクト」「ニコ技深圳観察会」「AkiParty -Dance Party for the rest of us-」などのプロジェクトを実施中。

連載、著書『メイカーズのエコシステム』など。

http://ch.nicovideo.jp/tks/blomaga/ar701264

Twitter：@tks

解説者プロフィール

山形 浩生（ヤマガタ ヒロオ）

評論家、翻訳家。野村総合研究所研究員。オープンソース、コピーレフトの活動に参加しており、ローレンス・レッシグの翻訳、オープンソースやLinuxに関する著書、訳書も多数手がけている。また、自身の翻訳や著作の多くも、フリーで公開している。著書に『新教養主義宣言』『要するに』（ともに河出文庫）、『訳者解説』（バジリコ）ほか。

世界ハッカースペースガイド

2018年1月30日　初版第1刷発行（オンデマンド印刷版Ver. 1.1）

著　者　高須 正和（たかす まさかず）
発行人　佐々木 幹夫
発行所　株式会社 翔泳社（http://www.shoeisha.co.jp/）
印刷・製本　大日本印刷株式会社

- この本は、CodeZineに2014年10月から連載している「世界ハッカースペースガイド」をもとに書籍にしたものです。

- 本書へのお問い合わせについては、2ページに記載の内容をお読みください。
- 落丁・乱丁本はお取り替えいたします。03-5362-3705までご連絡ください。

Printed in Japan

ISBN 978-4-7981-5050-5

制作協力 株式会社トップスタジオ（http://www.topstudio.co.jp/）　+ Vivliostyle Formatter